FORSCHUNGSBERICHT DES LANDES NORDRHEIN-WESTFALEN

Nr. 3005 / Fachgruppe Physik/Chemie/Biologie

Herausgegeben vom Minister für Wissenschaft und Forschung

Prof. Dr. Walther Neumann

Fachbereich Physikalische Technik
Fachhochschule Hagen - Abteilung Iserlohn

Holografische Schwingungsuntersuchungen

Westdeutscher Verlag 1981

CIP-Kurztitelaufnahme der Deutschen Bibliothek

Neumann, Walther:
Holografische Schwingungsuntersuchungen /
Walther Neumann. - Opladen : Westdeutscher
Verlag, 1981.

(Forschungsberichte des Landes Nordrhein-
Westfalen ; Nr. 3005 : Fachgruppe Physik,
Chemie, Biologie)
ISBN-13: 978-3-531-03005-0   e-ISBN-13: 978-3-322-88125-0
DOI: 10.1007/978-3-322-88125-0

ISBN-13: 978-3-531-03005-0

Inhalt

1. Einleitung

Die holografische Interferometrie hat aufgrund ihrer Empfindlichkeit und Genauigkeit nicht nur in der zerstörungsfreien
Werkstoffprüfung sondern auch auf dem Gebiet der Schwingungs-
untersuchungen zu einer beträchtlichen Erweiterung und Ver-
besserung der technischen Prüfmöglichkeiten geführt /1,2,3,4/.
Schwingungsmessungen mit dieser berührungslosen Untersuchungs-
methode liefern gleichzeitig Informationen über den genauen
Verlauf der Knotenlinien und über die Amplitudenverteilung in
den Schwingungszentren. Im Gegensatz zur üblichen punktförmigen
Erfassung von Schwingungszuständen können mit diesem modernen
Verfahren der technischen Optik beim Einsatz leistungsstarker
Laser auch großflächige, beliebig geformte Bauteile in einem
Arbeitsgang untersucht werden.

Die vorliegenden Ergebnisse betreffen das Schwingungsverhalten
einer quadratischen, am Rand fest eingespannten Metallplatte,
in einem mehrere Hauptschwingungen umfassenden Frequenzbereich
und die Beeinflussung der ermittelten Schwingungsformen durch
eine kleine variable Zusatzmasse an verschiedenen Stellen auf
der Rückseite der Platte. Bei holografischen Untersuchungen an
derartigen Testobjekten wurden häufig Schwingungsformen festgestellt, die nicht als Hauptschwingungen (Schwingungsmoden)
aufgefaßt werden können und deshalb nur schwer systematisch
einzuordnen sind. Zur Interpretation derartiger Schwingungs-
zustände, die sowohl von dem Massenwert als auch von der
Position der Zusatzmasse abhängen können, wurde von der Theorie
der Schwingungsmoden und der Möglichkeit ihrer Überlagerung
ausgegangen /5,6,7/. Um im Einzelfall feststellen zu können, ob
eine Modenmischung vorliegt, wurde ein spezielles Rechenprogramm
entwickelt, das die Ermittlung von Schwingungsformen gestattet,
die durch gleich- oder gegenphasige Mischung zweier Hauptschwingungen entstanden sind. Mit diesem Programm wurden für eine
quadratische, allseitig eingespannte Platte zahlreiche Modenmischungen berechnet und grafisch dargestellt, so daß ein un-
mittelbarer Vergleich mit den experimentellen Ergebnissen
möglich war.

In dem vorliegenden Bericht wird zunächst das Prinzip des holografischen Zeitmittelungsverfahrens dargestellt, auf dem die
durchgeführten Schwingungsuntersuchungen basieren. Nach allgemeinen Bemerkungen zum Schwingungsverhalten zweidimensionaler
Objekte folgt dann die Beschreibung des Rechenprogramms, mit
dem für eine Platte mit den genannten Eigenschaften die durch
Mischung zweier Ausgangsmoden resultierenden Schwingungsformen
bestimmt werden konnten. Danach wird für jede untersuchte
Hauptschwingung der Einfluß des Massenwertes und der Position
der Zusatzmasse auf die resultierende Schwingung diskutiert.
Durch Vergleich mit den berechneten Modenmischungen wird
schließlich festgestellt, in welchen Fällen kompliziertere
experimentell ermittelte Schwingungsformen durch eine Modenmischung genauer interpretiert werden können.

2. Holografie-Anlage und Hologramm-Erzeugung

Zur Durchführung der Schwingungsuntersuchungen mit dem unter
3. ausführlich dargestellten Zeitmittelungsverfahren der holografischen Interferometrie wurde eine Anlage benutzt, wie sie
für holografische Arbeiten mit einem Dauerstrichlaser üblich
ist. Da diese Anlage bereits an anderer Stelle ausführlich dargestellt wurde /8/, soll sie hier nur kurz beschrieben werden.

Die optische Anordnung ist auf einer schwingungsisolierten Metallplatte montiert und wird mit dem kohärenten Lichtstrahl
eines Argon- oder He-Ne-Lasers betrieben. Mit einem Strahltei-
lerspiegel wird das Laserlicht in zwei Teilstrahlen, den Refe-
renzstrahl und den Objektstrahl aufgeteilt, deren Intensitäts-
verhältnis kontinuierlich eingestellt werden kann und im allgemeinen bei ca. 3/1 liegt. Beide Strahlen werden mit einem
Mikroskopobjektiv zu Kugelwellen aufgeweitet und mit einer Loch-
blende von einigen 10^{-2} mm Durchmesser von Inhomogenitäten in der
transversalen Intensitätsverteilung gereinigt. Während die Referenzwelle durch Oberflächenspiegel direkt zur Hologrammplatte,
eine hochauflösende Fotoplatte mit einem auf das Laserlicht ab-
gestimmten Maximum in der spektralen Empfindlichkeit, gelenkt
wird, beleuchtet die Objektwelle zunächst das Prüfobjekt und
wird von diesem diffus zur Hologrammplatte reflektiert. Dort
entsteht durch Überlagerung der beiden kohärenten Wellen ein
mikroskopisches Interferenzmuster, in dem die vollständige In-
formation über die Intensitäts- und Phasenverteilung in der Objektwelle enthalten ist. Zur Wiedergabe dieser Welle wird die
entwickelte Hologrammplatte von der Referenzwelle allein durch-
strahlt, wodurch sich eine Beugung dieser Welle an dem auf der
Platte gespeicherten Interferenzmuster ergibt. Wie mathematisch
leicht festzustellen ist /1,2/, enthält die resultierende Wie-
dergabewelle einen Anteil, der ein virtuelles, dreidimensionales
und naturgetreues Bild des Gegenstandes liefert, das fotografisch
festgehalten werden kann.

3. Das holografische Zeitmittelungsverfahren

Das holografische Zeitmittelungsverfahren ist ein spezielles
Aufnahmeverfahren der holografischen Interferometrie, das zur
Untersuchung schwingender Objekte eingesetzt werden kann, wobei
sowohl der Verlauf der Knotenlinien, als auch die Amplitudenverteilung in den Schwingungsbäuchen registriert wird. Wie bei der
üblichen Aufnahme eines Hologramms wird auch hier die Fotoplatte
nur einmal belichtet. Da die Belichtungszeit nun im allgemeinen
aber groß gegenüber der Schwingungsdauer ist, wird die Hologrammplatte in diesem Fall von einer Schar von Objektwellen ge-
schwärzt, die von den verschiedenen Positionen des schwingenden
Gegenstandes ausgehen und somit unterschiedlich sind. Bei der
Rekonstruktion wird über diese Objektwellen zeitlich gemittelt,

wobei aufgrund der längeren Verweilzeit, die von den Positionen maximaler Auslenkung herrührenden Objektwellen einen besonders großen Beitrag zum resultierenden Zeitmittelungsinterferogramm liefern.

Nach Brown, Grant und Stroke /9/ ergibt sich bei einem harmonisch schwingenden Objekt für die Intensität der rekonstruierten Objektwelle I_r der folgende Ausdruck:

$$I_r = I_o \cdot J_o^{\,2} \,[k \cdot (\cos\theta_1 + \cos\theta_2)y] \qquad (1)$$

I_o: Intensität der Objektwelle

J_o: Bessel Funktion nullter Ordnung

k : Wellenzahl ($k = 2\pi/\lambda$)

y : Schwingungsamplitude

θ_1: Winkel zwischen der Richtung des einfallenden Lichts und der Bewegungsrichtung des schwingenden Objektes.

θ_2: Winkel zwischen der Beobachtungsrichtung und der Objektbewegungsrichtung.

Die auf Abb. 1 dargestellte Funktion $J_o^{\,2}[k \cdot (\cos\theta_1 + \cos\theta_2)y]$ ist die "charakteristische Funktion" des holografischen Zeitmittelungsverfahrens. Für $y = o$ d.h. für die Punkte auf einer Knotenlinie erreicht diese Funktion ihren absoluten Maximalwert 1. (Der Fall $\theta_1 = \theta_2 = \frac{\pi}{2}$, für den sich ebenfalls das absolute Maximum der charakteristischen Funktion ergibt, ist für die experimentelle Praxis ohne Bedeutung).

Bezeichnet man mit ϕ_{on} ($n = 1,2,3,...$) die Lage der Nullstellen von J_o, dann erhält man für die zugehörigen Schwingungsamplituden y_{on} die Gleichungen

$$k \cdot (\cos\theta_1 + \cos\theta_2) \cdot y_{on} = \phi_{on} \qquad (2)$$

woraus sich

$$y_{on} \quad \phi_{on} \cdot [k \cdot (\cos\theta_1 + \cos\theta_2)]^{-1} \qquad (3)$$

ergibt.

Die Objektpunkte, deren Schwingungsamplitude y eine der Gleichungen (3) erfüllt, bilden somit bei der Rekonstruktion des Hologramms die dunklen Interferenzlinien.

Können die Winkel θ_1 und θ_2 näherungsweise als konstant angesehen werden, so erhält man aus Gleichung (3) für jede dunkle Interferenzlinie einen konstanten Wert der Schwingungsamplitude y_{on}. Die dunklen Interferenzlinien sind dann als geometrischer

Ort aller Punkte mit einem bestimmten, aus Gleichung (3) zu ermittelnden Wert der Schwingungsamplitude anzusehen.

Werden die relativen Maxima der charakteristischen Funktion für

$$k \cdot (\cos\theta_1 + \cos\theta_2) \cdot y_m = \phi_m \qquad (4)$$

mit m = 1,2,... erreicht, so ergeben sich für die zugehörigen Schwingungsamplituden die Gleichungen

$$y_m = \phi_m \cdot [k \cdot (\cos\theta_1 + \cos\theta_2)]^{-1} \qquad (5)$$

wodurch der Verlauf der hellen Interferenzlinien festgelegt wird.

Aus Abb. 1 geht allerdings hervor, daß die Höhe der relativen Maxima mit wachsendem Wert von ϕ_m monoton abnimmt. Da das auch für den Intensitätsunterschied zwischen hellen und dunklen Interferenzstreifen gilt, ist die Anzahl der auf einem Zeitmittelungsinterferogramm auflösbaren Interferenzlinien niedriger als bei einem normalen Doppelbelichtungsinterferogramm mit einer Intensitätsverteilung $I \sim \cos^2 \frac{\phi}{2}$.

4. Allgemeine Bemerkungen zum Schwingungsverhalten zweidimensionaler Objekte

Eine ausführliche mathematische Abhandlung zum Thema "Die Biegungsschwingungen der vierseitig eingespannten rechteckigen Platte" wurde von S. Iguchi veröffentlicht /10/. Detaillierte Angaben zum Schwingungsverhalten von Membranen und Platten, zur Überlagerung von Schwingungsformen sowie zum Einfluß von Unregelmäßigkeiten der Dichte bzw. der Massenverteilung, der Spannung und der Begrenzung findet man in einem Beitrag von A. Kalähne /11/. Zum Thema Modenmischung und deren holografische Ermittlung liegen mehrere Arbeiten von K.A. Stetson et. al. /5,6,7/ vor. Auf die Angaben in diesen Veröffentlichungen soll im folgenden nur soweit eingegangen werden, wie es für die Interpretation der vorliegenden experimentellen Ergebnisse erforderlich ist.

Allgemein ist zunächst festzustellen, daß das Schwingungsverhalten von zweidimensionalen Objekten und somit auch von Platten durch eine große Vielfalt möglicher Schwingungsformen gekennzeichnet ist. Diese werden beeinflußt durch

- die Form und die Maße des Objekts
- verschiedene Materialeigenschaften (Elastizitätsmodul, Dichte, Querkontraktionszahl)

      - die Art der Schwingungsanregung (Frequenz bzw.
        Zeitabhängigkeit der Krafteinwirkung, Lage des
        Bereichs der Anregung)
      - die Randbedingungen (Art der Objekteinspannung)

sowie durch eventuell vorhandene

      - geometrische Fehler (Formabweichungen, Dicke-
        änderungen)
      - und Werkstoffehler (Dichteschwankungen, Risse,
        Anisotropien).

Zur Beschreibung des hieraus resultierenden komplizierten
Schwingungsverhaltens hat sich die Verwendung der sog. Hauptschwingungen (Schwingungsmoden) als sehr nützlich erwiesen.
Unter den bereits 1894 von Rayleigh /12/ eingeführten Schwingungsmoden versteht man ein System orthogonaler Funktionen,
von denen jede eine unabhängige Schwingungsform des Objekts
darstellt. Für eindimensionale Strukturen wurde die Theorie der
Schwingungsmoden von Hurty und Rubenstein /13/ ausführlich be-
handelt. Eine Ausdehnung dieser Theorie auf zweidimensionale
Objekte erfolgte von Stetson und Taylor /6/. Ausgangspunkt war
hierbei die Annahme, daß die Bewegung eines zweidimensionalen
Objektes senkrecht zur Oberfläche durch eine Linearkombination
der Modenfunktionen, d.h. durch eine Entwicklung nach einem nor-
mierten orthogonalen Funktionssystem erfolgen kann.

Wird das zweidimensionale Objekt, wie bei den vorliegenden Ex-
perimenten geschehen, durch eine harmonische Kraft zu Schwingungen angeregt, so liefert jede Hauptschwingung bei der Erregerfrequenz einen Beitrag zur resultierenden Schwingung, der
durch eine charakteristische Phase und Amplitude gekennzeichnet
ist. Der Beitrag einer Hauptschwingung zur resultierenden
Schwingungsamplitude ist hierbei proportional zum Wert der betreffenden Modenfunktion am Ort der Krafteinleitung und hängt
außerdem von der Differenz zwischen der Erregerfrequenz und der
Frequenz der Hauptschwingung sowie vom Verlauf der Resonanzkurve
ab. Dies bedeutet beispielsweise, daß eine Hauptschwingung nur
dann einen Beitrag zur Objektauslenkung liefert, wenn die Krafteinleitung nicht gerade auf einer Knotenlinie dieser Hauptschwingung erfolgt.

5. Die Schwingungsmoden einer am Rand fest eingespannten Platte

und deren Mischung

Für die weiteren Betrachtungen ist zunächst die Festlegung eines
Koordinatensystems erforderlich. Zweckmäßigerweise werden die
Koordinatenachsen in Richtung der Kanten der Platte orientiert
und der Nullpunkt des Koordinatensystems in einen Platteneck-
punkt gelegt. Bezeichnet man die Auslenkung der Platte mit w,
so ist w = o am Plattenrand, d.h. für x = O, x = a, y = O und
y = a. Hierbei bedeutet a die Kantenlänge der Platte.

Die Hauptschwingungen (Schwingungsmoden) dieser Platte sind
durch ein System von Knotenlinien gekennzeichnet, die jeweils
parallel zu zwei Plattenkanten verlaufen und sich rechtwinklig
schneiden. Sie können deshalb durch Gleichungen von der Form

$$w = A_{mn} \cdot \cos(\omega_{mn} \cdot t + \delta_{mn}) \cdot \sin\frac{m\pi x}{a} \cdot \sin\frac{n\pi y}{a} \tag{6}$$

dargestellt werden. Die Ordnungszahlen m und n geben in dieser
Formel die Maximalzahl der Schwingungszentren an, die von einer
Linie parallel zur x- bzw. zur y-Achse, d.h. parallel zu den
Plattenrändern erfaßt werden. Hieraus folgt eine Möglichkeit
zur Kennzeichnung der Hauptschwingungen rechteckiger am Rand
fest eingespannter Platten und Membranen. Unter einer (m,n)-
Schwingung wird nachfolgend eine Schwingungsform verstanden, die
durch m Schwingungszentren in x-Richtung (d.h. auf einer Linie
parallel zum unteren Plattenrand) und n Schwingungszentren in
y-Richtung (d.h. auf einer Linie parallel zum seitlichen Plattenrand) charakterisiert ist.

Beispiele hierfür zeigen die Abbildungen 2a-2e, auf denen holo-
grafische Zeitmittelungs-Interferogramme der (1,1)-, (2,1)-,
(2,2)-, (3,1)- und (3,2)-Schwingungsmoden einer quadratischen
Metallplatte dargestellt sind. Man erkennt hierbei deutlich den
Verlauf der Knotenlinien sowie die Interferenzlinien in den
Schwingungszentren, die näherungsweise als Höhenlinien mit einem
Höhenunterschied von ca. $0,3 \cdot 10^{-3}$ mm zwischen zwei benachbarten
Linien aufgefaßt werden können.

Bei einer quadratischen Platte werden durch (m,n) und (n,m) für
m ≠ n zwei unterschiedliche Schwingungen bei derselben Frequenz
dargestellt, die durch Drehung um 90° ineinander übergehen.
Wird die Platte mit der gemeinsamen Eigenfrequenz dieser beiden
Schwingungen angeregt, dann hängt die sich ausbildende Schwingungsform u.a. vom Ort der Anregung ab. Eine reine (m,n)-Schwin-
gung ohne (n,m)-Beimischung ist vor allem dann zu erwarten, wenn
die Anregung in einem Schwingungsknoten von (n,m) und in einem
Schwingungszentrum der (m,n)-Schwingung erfolgt. Falls die Anregung gleichzeitig in einem Schwingungszentrum von (m,n) und
von (n,m) vorgenommen wird oder eine Inhomogenität bzw. Aniso-
tropie vorliegt, können die Schwingungsmoden (m,n) und (n,m)
gleichzeitig, eventuell aber mit unterschiedlichen Amplituden
und Phasen angeregt werden, woraus eine Modenmischung resultiert.

Obwohl aufgrund der Modentheorie alle Hauptschwingungen zur resultierenden Schwingungsform beitragen können, tritt bei quadratischen Platten in der Praxis vor allem eine (m,n)-(n,m)-
Modenmischung auf. Wie die Besprechung der experimentellen Ergebnisse noch zeigen wird, sind aber auch Überlagerungen ganz
unterschiedlicher Schwingungsmoden (m,n) und (m',n') mit m ≠ n'
und n ≠ m' zu beobachten.

Allgemein ist festzustellen, daß bei der besprochenen Überlagerung zweier Hauptschwingungen ein neuer Schwingungstyp entsteht,

bei dem die Knotenlinien nur dann eine feste Lage haben, wenn
der Phasenunterschied 0 oder $\pm\pi$ beträgt. Ist dies nicht der
Fall, so ergeben sich wandernde Knotenlinien, die ihre Gestalt
kontinuierlich ändern, wobei allerdings auch in diesem Fall
einzelne Punkte bzw. kleinere Bereiche dauernd in Ruhe verblei-
ben.

6. Die Berechnung der Modenmischung

Zur Berechnung der Schwingungsformen einer quadratischen Platte
die sich aus der Überlagerung zweier Hauptschwingungen ergeben,
wurde ein spezielles Rechenprogramm erstellt, das sowohl eine
tabellarische als auch eine grafische Darstellung der ortsabhängigen Schwingungsamplituden gestattete. Die Rechnungen wurden über die zentrale Rechenstelle in der Abteilung Iserlohn
der Fachhochschule Hagen am Universitätsrechenzentrum in Dort-
mund durchgeführt und ergaben die gewünschten Höhenlinien der
schwingenden Platte für verschiedene Modenmischungen vom Typ:

$$A(x,y) = A_1 \cdot (m_1,n_1) \pm A_2 \cdot (m_2,n_2) \tag{7}$$

$A(x,y)$:   Auslenkung des Objektpunktes mit den Koordinaten
(x,y) in einem rechtwinkeligen Koordinatensystem
mit den unter Punkt 5. festgelegten Eigenschaften.

A_1, A_2:   Mischungsanteile der beiden Schwingungsmoden
(m_1,n_1) und (m_2,n_2). Zwecks Normierung wurde

$A_1 + A_2 = 1$ gesetzt.

(m_i,n_i):   Schwingungsmoden, deren Mischung berechnet werden
soll und die durch den ortsabhängigen Teil von

$i = 1, 2$ Gleichung (6), d.h. durch

$$(m_i,n_i) = \sin\frac{m_i\pi x}{a} \cdot \sin\frac{n_i\pi y}{a} \tag{8}$$

gegeben sind.

$+,-$:   Addition bei gleichphasiger Überlagerung der beiden
Anteile, Subtraktion bei gegenphasiger Überlagerung
(Phasenunterschied: π).

Zur Ermittlung der Höhenlinien wurde die Platte zunächst in ein
gleichmäßiges Netz von 100 x 100 Rasterpunkten unterteilt und
für jeden dieser Rasterpunkte die bei einer bestimmten Modenmischung resultierende Amplitude $A(x,y)$ entsprechend den Gleichungen (7) und (8) berechnet. Dann wurde vom Rechner überprüft,
ob das Ergebnis in einem der Wertebereiche

$$\pm 0,13; \quad \pm 0,30; \quad \pm 0,47; \quad \pm 0,65; \quad \pm 0,82; \quad \pm 0,99$$

mit der Streubreite ±0,01 lag.

Werte, die eine dieser Bedingungen erfüllten, wurden mit den zugehörigen Koordinaten in einer Tabelle ausgedruckt und zur Erstellung eines Rechner-Diagramms benutzt, das somit in jedem Schwingungszentrum aus maximal sechs Höhenlinien bestand.

Beispiele derartiger Diagramme, die auch für die Auswertung der experimentellen Ergebnisse verwendet wurden, sind auf den Abbildungen 3a-3f - 7a-7f dargestellt, wobei in jedem Schwingungszentrum die Höhenlinien die oben festgelegte Bedeutung haben.

Die Abbildungen 3a-3f zeigen das Ergebnis der Modenmischung

$$A(x,y) = A_1 \cdot (2,1) + A_2 \cdot (1,2).$$

Bei dieser Zusammenstellung wurde A_1 ebenso wie bei den Abbildungen 4-6 in Schritten von 0,1 vom Maximalwert 1 bei Abb. 3a auf 0,5 bei Abb. 3f verringert, bei gleichzeitiger schrittweiser Erhöhung von A_2 von 0 bis 0,5.

Man erkennt an diesen Diagrammen, wie die auf Abb. 3a dargestellte (2,1)-Schwingung ohne (1,2)-Anteil in die zu gleichen Anteilen aus Beiträgen der (2,1)- und (1,2)-Moden bestehende Form von Abb. 3f übergeht. Für $0 \leq A_1 < 0,5$ und $0,5 < A_2 \leq 1$ ergeben sich bei der Überlagerung Schwingungsformen, die durch eine einfache Symmetrieoperation aus den dargestellten abgeleitet werden können. Ähnliches gilt auch für die gegenphasige Überlagerung

$$A(x,y) = A_1 \cdot (2,1) - A_2 \cdot (1,2),$$

die durch eine Spiegelung um die vertikale Seitenhalbierende aus der entsprechenden gleichphasigen Überlagerung hervorgeht.

Im Gegensatz zur (2,1)-(1,2)-Modenmischung ergeben sich bei der gleichphasigen und der gegenphasigen Überlagerung der (3,1)- und (1,3)-Schwingungsmoden unterschiedliche resultierende Schwingungsformen, die auf den Abbildungen 4a-4f und 5a-5f dargestellt sind. Da die Resultate für $A_1 < 0,5$ und $A_2 > 0,5$ unmittelbar aus diesen Abbildungen zu entnehmen sind, konnte auf deren Wiedergabe verzichtet werden.

Die Abb. 6a-6f zeigen Schwingungsformen, die bei einer Modenmischung von der Form

$$A(x,y) = A_1 \cdot (3,2) + A_2 \cdot (2,3)$$

auftreten. Ähnlich wie bei der Mischung der (2,1)- und (1,2)-

Moden erhält man auch hier die bei der gegenphasigen Mischung erzeugten Schwingungsformen durch Spiegelung der Ergebnisse der gleichphasigen Mischung um die vertikale Seitenhalbierende.

Die Abbildungen 7a-7f stellen ein Beispiel für die Mischung zweier Schwingungsmoden dar, deren Eigenfrequenzen nicht zusammenfallen und die deshalb auch in ihrer Form sehr verschieden sind. Das Mischungsverhältnis wird nun von $(A_1 = 1; A_2 = O)$ bei Abb. 7a in Schritten von O,2 bis zu $(A_1 = O; A_2 = 1)$ bei Abb. 7f variiert, so daß Abb. 7a die (2,2)-Schwingung und Abb. 7f die (3,1)-Schwingung jeweils ohne Beimischung wiedergibt.

Die gegenphasige Mischung

$$A(x,y) = A_1 \cdot (2,2) - A_2 \cdot (3,1)$$

führt zu Schwingungsformen, die durch eine Spiegelung um die horizontale Seitenhalbierende aus den Abb. 7a-7f hervorgehen und deshalb nicht getrennt angegeben werden.

7. Der Einfluß einer Inhomogenität in der Massenverteilung auf

das Schwingungsverhalten einer quadratischen, am Rand fest

eingespannten Metallplatte

7.1 Vorbemerkungen

Eine Unregelmäßigkeit in der Massenverteilung einer Membran oder Platte, die beispielsweise durch eine kleine Zusatzmasse hervorgerufen wird, führt zu einer Änderung der Schwingungszahlen sowie der Lage und Gestalt der Knotenlinien. Durch das Auftreten einer Unregelmäßigkeit ist die Lage der Knotenlinien nicht mehr unbestimmt sondern wird durch diese eindeutig festgelegt. Es sind dann nur noch für gewisse Lagen der Knotenlinien, die als Hauptlagen bezeichnet werden, stabile Schwingungen möglich. Diese Hauptlagen sind dadurch ausgezeichnet, daß für sie ein Maximal- oder Minimalwert der Schwingungszahl vorliegt. Durch eine geeignete Einspannung und Anregung ist die alleinige Erzeugung einer dieser beiden stabilen Schwingungen möglich, ansonsten treten Interferenzen auf, die bei engbenachbarten Frequenzen zu Schwebungen führen.

Die nachfolgend aufgeführten Untersuchungen, bei denen eine Unregelmäßigkeit in der Massenverteilung durch eine kleine Zusatzmasse hergestellt wurde, erfolgten bei konstanten Frequenzen und betrafen die Änderung der Ausgangsschwingungsform durch eine derartige Inhomogenität. Für diese Art von Schwingungsuntersuchungen ist das holografische Zeitmittelungsverfahren aufgrund seiner speziellen Möglichkeiten besonders geeignet.

7.2 Angaben zur Versuchsdurchführung

Für die Untersuchungen wurde eine quadratische, am Rand fest eingespannte Aluminiumplatte von 220 mm Seitenlänge, 2,5 mm Dicke
und einer Masse von 327 g benutzt. Diese Platte wurde in einem
stabilen Metallrahmen am Rand auf einer Breite von 10 mm allseitig fest eingespannt und mit einem Lautsprecher bzw. einem
elektromagnetischen Schwingerreger zu Hauptschwingungen angeregt, deren Frequenzen durch Vorversuche ermittelt wurden. Bei
konstanter Frequenz und fester Position des Schwingerregers
wurden nacheinander mehrere kleine zylinderförmige Zusatzmassen
(Durchmesser: 20 mm; Höhe: 0,8-8 mm; Masse: 1,8 g; 2,5 g; 11,1 g
und 19,5 g) an verschiedenen Positionen im Bereich der Schwingungszentren und an besonderen Stellen auf den Knotenlinien angebracht. Dann erfolgte die Aufnahme der holografischen Zeitmittelungs-Interferogramme, wofür jeweils eine einmalige Be-
lichtung der Hologrammplatte von 2-3 s Dauer erforderlich war.
Um günstige Vergleichsmöglichkeiten zwischen den verschiedenen
Interferogrammen herzustellen, wurden größere Unterschiede in
den Schwingungsamplituden vermieden, so daß sich in den Schwingungszentren stets gleiche oder zumindest sehr ähnliche Interferenzlinienzahlen ergaben.

Nachfolgend werden nun die für jede untersuchte Hauptschwin-
gungsform erhaltenen Ergebnisse dargestellt, wobei insbesondere
auf den Einfluß der Größe und Position der Zusatzmasse sowie
die Möglichkeit einer Interpretation der resultierenden Schwingungsformen durch eine Modenmischung eingegangen werden soll.

7.3 Ergebnisse bei Anregung der (1,1)-Grundschwingung

Die auf Abb. 2a dargestellte, durch ein einziges Schwingungszentrum charakterisierte (1,1)-Grundschwingung wurde bei 340 Hz
angeregt. Die insgesamt drei nacheinander untersuchten Positionen der Zusatzmasse gehen aus Abb. 8 hervor. Sie liegen an zwei
verschiedenen Stellen innerhalb des Schwingungszentrums und auf
einer Knotenlinie. Eine Änderung der Schwingungsfigur konnte
auch für die größte Zusatzmasse von 19,5 g bei keiner dieser
Positionen von m_z festgestellt werden. Da dies auch für alle
anderen möglichen Lagen der Zusatzmasse gelten dürfte, folgt
hieraus, daß die Grundschwingung der verwendeten Platte zumindest bis zu einer Masseninhomogenität von der o.g. Größe keine
Verzerrung oder sonstige Formänderung erfährt.

7.4 Ergebnisse bei Anregung einer (2,1)-Schwingung

Die durch Vorversuche ermittelte Resonanzfrequenz der auf Abb.
2b dargestellten (2,1)-Schwingung lag bei 953 Hz. Mit dieser
Frequenz wurde die Platte auch nach dem Anbringen der Zusatzmasse m_z durch einen elektromagnetischen Schwingerreger in der

Mitte eines Schwingungszentrums angeregt. Variiert wurde wieder
der Wert von m_z und entsprechend Abb. 9 die Position der Zusatzmasse im Bereich eines der beiden Schwingungszentren bzw. auf
einer Knotenlinie. Um sicherzustellen, daß die Ergebnisse nur
durch m_z und nicht durch eventuell vorhandene Unregelmäßigkeiten
im Material bzw. in der Einspannung hervorgerufen wurden, erfolgten die Untersuchungen auch an den paarweise ähnlichen Positionen 1 und 2, 3 und 4, 9 und 10. Hierbei ergaben sich die
nachfolgend zusammengestellten Resultate, die nun sowohl von der
Masse m_z als auch von deren Position auf der Platte abhängen.

- Einfluß der Masse von m_z:

Für die kleineren Zusatzmassen von 1,8 g und 2,5 g zeigen die
holografischen Interferogramme keinerlei Unterschied gegenüber
dem Zeitmittelungs-Interferogramm der Platte ohne Zusatzmasse.
Bereits für m_z = 4,4 g erhält man aber bei einzelnen, nachfolgend genauer angegebenen Positionen eine geringe Änderung der
entsprechenden Interferogramme, die sich mit wachsendem Wert von
m_z kontinuierlich weiter vergrößert.

- Einfluß der Position von m_z:

Befindet sich die Zusatzmasse auf einer Knotenlinie der (2,1)-
Schwingung (Pos. 5, 6, 7 und 8 auf Abb. 9), so führt dies auch
für m_z = 19,5 g zu keiner Änderung der ohne Zusatzmasse ermittelten Schwingungsform.

Wird die Zusatzmasse in der Mitte eines der beiden Schwingungszentren angebracht (Pos. 3 oder 4 auf Abb. 9), so stellt man
fest, daß mit wachsendem Wert von m_z sowohl die Amplitude in
diesem Schwingungszentrum als auch dessen Ausdehnung immer mehr
abnehmen. Dieses Ergebnis ist bereits für m_z = 4,4 g deutlich zu
beobachten und führt für m_z = 19,5 g zu der auf Abb. 10 dargestellten Schwingungsform. Man erkennt auf diesem Interferogramm
deutlich die Verringerung der Interferenzlinienzahl im Bereich
der Zusatzmasse und den Größenunterschied zwischen den beiden
Schwingungszentren.

Wählt man als Position für die Zusatzmasse eine Stelle innerhalb
eines Schwingungszentrums, aber nicht in dessen Mittelpunkt, so
beobachtet man auch hier wiederum bereits für m_z = 4,4 g einen
deutlichen Einfluß der Zusatzmasse auf das Schwingungsverhalten
der Platte. Die resultierende Änderung kann sowohl in einer Verzerrung der reinen (2,1)-Schwingung bei Verlagerung der Mitte
des Schwingungszentrums zum Ort von m_z hin bestehen (Abb. 11 für
m_z = 4,4 g in Pos. 1 von Abb. 9), als auch in einer gestörten
(1,2)-Schwingung mit einer relativ geringen Auslenkung am Ort
von m_z (Abb. 13 für m_z = 19,5 g in Pos. 2 von Abb. 9).

Eine quantitative Interpretation der erhaltenen Ergebnisse durch

eine Modenmischung ist nur in einzelnen Fällen möglich. So kann
beispielsweise das Ergebnis von Abb. 11 in guter Näherung als
eine Überlagerung von der Form

$$0,8 \cdot (2,1) - 0,2 \cdot (1,2)$$

aufgefaßt werden, die auf Abb. 12 dargestellt ist.

7.5 Ergebnisse bei Anregung einer (2,2)-Schwingung

Abb. 2c zeigt ein holografisches Zeitmittelungs-Interferogramm
der (2,2)-Hauptschwingung der Testplatte, die bei der entsprechenden Resonanzfrequenz von 1465 Hz angeregt wurde. Die weiteren Untersuchungen erfolgten mit den unter 7.2 beschriebenen
Zusatzmassen, die jeweils einzeln an den auf Abb. 14 dargestellten Positionen auf der Rückseite des Testobjekts angebracht
wurden. Hierbei ergaben sich folgende Ergebnisse:

- Einfluß der Masse von m_z:

Ähnlich wie bei der (1,2)-Schwingung wurde auch bei der (2,2)-
Schwingung festgestellt, daß die beiden kleinsten verwendeten
Zusatzmassen m_z = 1,8 g und 2,5 g an keiner der insgesamt sechs
Positionen auf der Platte zu einer deutlichen Änderung der
Schwingungsform führten. Zumindest an einzelnen Stellen bewirkt
hingegen bereits die Zusatzmasse von 4,4 g eine Änderung der
Plattenschwingung, die bei steigendem Wert von m_z immer stärker
von der ursprünglichen (2,2)-Schwingung abweicht.

- Einfluß der Position von m_z:

Wird die Zusatzmasse in der Mitte der Testplatte, d.h. im
Schnittpunkt zweier Knotenlinien angebracht (Pos. 1 auf Abb. 14),
so stellt man für m_z = 19,5 g und etwas weniger deutlich auch
für m_z = 11,1 g fest, daß hierdurch eine Verbindung zweier diametral gegenüberliegender Schwingungszentren verursacht wird. Wie
Abb. 15 für m_z = 19,5 g zeigt, ist in den nun verbundenen beiden
Schwingungszentren eine deutliche Abnahme der Schwingungsamplitude zu beobachten.

Wenn die Zusatzmasse außerhalb der Plattenmitte an einer anderen
Stelle auf einer Knotenlinie positioniert wird - beispielsweise
an Pos. 2, 3 oder 4 von Abb. 14 - so bewirkt dies auch bei der
größten verwendeten Zusatzmasse von 19,5 g keine Verzerrung der
(2,2)-Schwingung.

Befindet sich die Zusatzmasse im Bereich eines Schwingungszentrums der (2,2)-Schwingung (Pos. 5 und 6 auf Abb. 14), so ist
für $m_z \geq 11,1$ g eine sehr deutliche Änderung der ursprünglich
gegebenen Schwingungsform festzustellen. Die Amplitude in diesem
Schwingungszentrum und dessen Ausdehnung werden mit wachsendem
Wert von m_z immer kleiner, während gleichzeitig eine Zunahme
dieser Größen für das diametral gegenüberliegende Schwingungs-

zentrum festzustellen ist. Gleichzeitig beobachtet man eine
Verbindung der beiden anderen, einander diametral gegenüber
liegenden Schwingungszentren. Diese Effekte werden auf Abb. 17
deutlich sichtbar, die für m_z = 11,1 g in Pos. 5 von Abb. 14
erhalten wurde. Für m_z = 19,5 g ist diese Erscheinung noch stärker ausgeprägt, für m_z = 4,4 g tritt sie in abgeschwächter Form
ebenfalls noch auf.

Ähnlich wie bei der (1,2)-Schwingung ist auch bei der (2,2)-
Schwingung eine quantitative Erklärung der erhaltenen Interferogramme durch eine Modenmischung nur in wenigen Fällen möglich. Ein Beispiel für eine derartige Interpretation ergibt
sich aus dem Vergleich der Abb. 15 und 16. Man erkennt hieraus,
daß die für m_z = 19,5 g in Pos. 1 von Abb. 14 experimentell ermittelte Schwingungsfigur in guter Näherung als eine Modenmischung von der Form

$$0,7 \cdot (2,2) + 0,3 \cdot (3,1)$$

aufgefaßt werden kann. Hierbei ist festzustellen, daß sowohl bei
der berechneten Überlagerung als auch bei der experimentell erhaltenen Schwingungsform im Bereich der beiden verbundenen
Schwingungszentren eine geringere Amplitude vorliegt als in den
beiden getrennten Schwingungszentren.

Befindet sich die Zusatzmasse an einer beliebigen Position im
Bereich eines Schwingungszentrums, so treten Verzerrungen der
ursprünglichen (2,2)-Schwingung auf, die mit einer der berechneten Modenmischungen nicht interpretiert werden können.

7.6 Ergebnisse bei Anregung einer (3,1)-Schwingung

Durch umfangreiche Vorversuche im Frequenzbereich von 1700 -
2100 Hz, in dem dieser Hauptschwingungszustand zu erwarten ist,
wurde festgestellt,daß eine ideale (3,1)-Schwingung bestehend
aus drei getrennten Schwingungszentren gleicher Größe und Gestalt auch bei Variation des Ortes der Anregung nicht erreicht
werden konnte. Die weitestgehende Annäherung an diese Schwingungsform ergab sich bei einer Frequenz von 1850 Hz und ist auf
Abb. 2d dargestellt. Die weiteren Untersuchungen wurden bei dieser Frequenz mit jeweils einer Zusatzmasse m_z an einer der auf
Abb. 18 skizzierten Positionen auf der Rückseite der Testplatte
vorgenommen und führten zu den folgenden Ergebnissen:

- Einfluß der Masse von m_z:

Im Gegensatz zu den Resultaten, die bei der Untersuchung der
(2,1)- und der (2,2)-Hauptschwingung erhalten wurden, traten
bei der (3,1)-Schwingung bereits für m_z = 1,8 g bei einzelnen,
nachfolgend genauer beschriebenen Positionen der Zusatzmasse
deutliche Unterschiede gegenüber der Schwingungsfigur der gleich-

förmigen Platte auf. Dies zeigt, daß mit wachsender Erregerfrequenz der Einfluß kleiner Unregelmäßigkeiten in der Massenverteilung auf die resultierende Schwingungsform zunimmt.

Ähnlich wie bei der (2,1)- und der (2,2)-Hauptschwingung wurde
auch bei der (3,1)-Schwingung festgestellt, daß eine Vergrößerung
der Masse m_z eine immer stärkere Verzerrung der Ausgangsschwingungsform bewirkt.

- Einfluß der Position von m_z:

Befindet sich die Zusatzmasse auf einer Knotenlinie der (3,1)-
Schwingung (Pos. 1, 4 und 5 von Abb. 18), so führt dies bei den
kleineren Zusatzmassen m_z = 1,8 g, 2,5 g und 4,4 g zu keiner

Beeinflussung der Schwingungsfigur, während für m_z = 11,1 g und

19,5 g auf einer Knotenlinie am Plattenrand (Pos. 1 und 4 von
Abb. 18) eine Verkleinerung des zu m_z nächstliegenden Schwingungszentrums auftritt.

Ist die Zusatzmasse im Bereich eines der drei Schwingungszentren
angeordnet, so stellt man in Übereinstimmung mit den Ergebnissen,
die bei anderen Frequenzen erzielt wurden fest, daß die Ausdehnung dieses Schwingungszentrums mit wachsendem Wert von m_z

kontinuierlich abnimmt. Dies wird durch die Bilderserie 19a-19e
verdeutlicht, die für m_z in der Mitte des rechten Schwingungszentrums (Pos. 2 von Abb. 18) erhalten wurde und nach steigender
Masse m_z geordnet ist. Man erkennt bei diesen Interferogrammen

u.a. die empfindliche Abhängigkeit der resultierenden Schwingungsform von der Masse m_z, die bereits bei den geringen Massen-
unterschieden von 1,8 g (Abb. 19a), 2,5 g (Abb. 19b) und 4,4 g
(Abb. 19c) deutlich in Erscheinung tritt.

Verschiebt man m_z in einem Schwingungszentrum aus dessen Mitte

heraus, so führt dies bereits für m_z = 4,4 g und in verstärktem

Maße für größere Werte von m_z zu einer großen Vielfalt verzerrter

Schwingungsformen, die erheblich von der Position von m_z auf der

Testplatte abhängen. Ein Beispiel hierfür zeigt die Abb. 20, die
für m_z = 11,1 g in Pos. 8 von Abb. 18 erhalten wurde und die mit

Abb. 19d zu vergleichen ist.

Für m_z in der Mitte des inneren Schwingungszentrums (Pos. 7 von

Abb. 18) ist bereits für eine Zusatzmasse von 1,8 g eine Verringerung der dort vorliegenden Schwingungsamplitude festzustellen.
In diesem Fall entsteht eine Schwingungsfigur, die weitgehend
einer Modenmischung von der Form

$$0,8 \cdot (3,1) - 0,2 \cdot (1,3)$$

entspricht. Vergrößert man den Massenwert von m_z, so verstärkt sich die Einschnürung des mittleren Schwingungszentrums und man erhält schließlich für m_z = 19,5 g das auf Abb. 21 dargestellte Ergebnis, d.h. entsprechend Abb. 22 eine Modenmischung des Typs

$$0,5 \cdot (3,1) - 0,5 \cdot (1,3)$$

Wie aus der Gegenüberstellung der Abb. 23 und 24 sowie 25 und 26 hervorgeht, ist auch in weiteren Fällen eine Interpretation einzelner experimentell ermittelter Schwingungsformen mit den berechneten Modenmischungen möglich. Meist ist allerdings das experimentelle Ergebnis stark unsymmetrisch und deshalb mit einer der berechneten Modenmischungen nicht zu erklären.

7.7 Ergebnisse bei Anregung einer (3,2)-Schwingung

Im Gegensatz zur (3,1)-Schwingung konnte die (3,2)-Schwingung der Platte in fast idealer Form bei einer Resonanzfrequenz von 2233 Hz angeregt werden. Das bei dieser Frequenz erhaltene holografische Interferogramm zeigt die Abb. 2e, auf der sehr deutlich die Knotenlinien und die sechs Schwingungszentren zu erkennen sind. Die genannte Frequenz wurde bei allen weiteren Untersuchungen an dieser Schwingungsform beibehalten, wobei die Zusatzmasse jeweils an einer der auf Abb. 27 skizzierten Positionen auf der Plattenrückseite angebracht war. Hierbei ergaben sich die nachfolgend dargestellten Ergebnisse.

- Einfluß der Masse von m_z:

Wie bei den anderen bisher diskutierten Ergebnissen hängt auch bei der (3,2)-Schwingung der Einfluß einer Unregelmäßigkeit in der Massenverteilung auf die resultierende Schwingungsform sowohl von der Lage der Zusatzmasse als auch von deren Massenwert ab. Während bei einzelnen Positionen selbst eine Zusatzmasse von 19,5 g keine merkliche Beeinflussung der Schwingungsform bewirkt, treten bei anderen Positionen bereits bei m_z = 1,8 g deutliche Unterschiede im Vergleich zur reinen (3,2)-Schwingung auf.

- Einfluß der Position von m_z:

Befindet sich die Zusatzmasse m_z auf einer Knotenlinie der (3,2)-Schwingung (Pos. 1-4 von Abb. 27), so bewirkt auch die größte Zusatzmasse von 19,5 g im allgemeinen keine Änderung der ursprünglich vorhandenen reinen (3,2)-Schwingung. Dies gilt insbesondere für die Positionen 1, 3 und 4 von m_z auf einer Knotenlinie am Rand der Platte bzw. durch deren Mittelpunkt. Für m_z = 11,1 g und 19,5 g in Pos. 2 von Abb. 27 tritt hingegen eine geringe Verzerrung der Ausgangsschwingungsform auf.

Die Positionen 5, 6 und 7 auf Abb. 27 geben die Lagen von m_z im

Bereich eines Schwingungszentrums der $(3,2)$-Schwingung an, für die holografische Experimente durchgeführt wurden.

Befindet sich m_z in der Mitte eines der beiden inneren Schwingungszentren (Pos. 5 auf Abb. 27), so nimmt dessen Ausdehnung entsprechend den Abbildungen 30a-30f mit wachsender Zusatzmasse kontinuierlich ab. Gleichzeitig stellt man in diesem Schwingungszentrum eine Verringerung der relativen Schwingungsamplitude fest. Wie ein genauer Vergleich der Interferogramme für $m_z = 0$ g (Abb. 30a) und $m_z = 1,8$ g (Abb. 30b) ergibt, treten diese Effekte in geringem Maße bereits bei dieser kleinen Zusatzmasse auf. Bei $m_z = 2,5$ g (Abb. 30c) ist das entsprechende Schwingungszentrum wesentlich kleiner als die benachbarten und weist außerdem eine Interferenzlinie weniger auf, so daß der Einfluß der Zusatzmasse in diesem Fall schon sehr deutlich festzustellen ist. Die Abbildungen 30d-30f zeigen schließlich die starke Veränderung der resultierenden Schwingungsform bei einer weiteren Vergrößerung des Massenwertes von m_z.

Wird m_z in die Mitte eines der vier Eck-Schwingungszentren (Pos. 6 und 7 auf Abb. 27) gebracht, so ist bei allen Werten von m_z, also auch bei $m_z = 1,8$ g, ein sehr deutlicher Einfluß der Zusatzmasse auf die resultierende Schwingungsfigur zu bemerken, dessen Größe mit m_z zunimmt.

Für $m_z = 1,8$ g und $2,5$ g läßt sich diese geänderte Schwingungsform quantitativ durch eine Modenmischung des Typs

$$A_1 \cdot (3,2) - A_2 \cdot (2,3)$$

interpretieren. Als Beispiel hierfür zeigen die Abbildungen 28 und 29 eine Gegenüberstellung des experimentellen Ergebnisses für $m_z = 1,8$ g und der berechneten Modenmischung

$$0,8 \cdot (3,2) - 0,2 \cdot (2,3),$$

wobei eine weitgehende Übereinstimmung nicht nur in der allgemeinen Form sondern auch in den relativen Interferenzlinienzahlen festzustellen ist. Besonders interessant ist in diesem Zusammenhang der Amplitudenunterschied zwischen den beiden länglichen Schwingungszentren einerseits und den beiden kleineren Zentren, der sowohl experimentell als auch rechnerisch festgestellt wurde.

Wird die Zusatzmasse $m_z \geq 4,4$ g gewählt, so ist die Verzerrung der ursprünglich vorliegenden $(3,2)$-Schwingung so ausgeprägt, daß eine Interpretation der gemessenen Schwingungsform durch eine der berechneten Modenmischungen nicht mehr möglich ist.

Bei der (3,2)- Hauptschwingung der quadratischen, am Rand eingespannten Metallplatte führt somit bereits eine Zusatzmasse
von 1,8 g im Bereich eines Schwingungszentrums zu einer deutlichen Änderung der resultierenden Schwingungsform. Diese, mit
wachsendem Wert von m_z sich verstärkende Änderungen, zeigen bei
konstantem m_z charakteristische, von der Position der Zusatzmasse abhängige Unterschiede.

8. Zusammenfassung

Mit dem Zeitmittelungsverfahren der holografischen Interferometrie wurden Schwingungsuntersuchungen an einer quadratischen,
am Rand eingespannten Aluminiumplatte von 200 mm freier Seitenlänge und 2,5 mm Dicke durchgeführt. Die zunächst homogene
Massenverteilung wurde durch eine, auf der Rückseite der Platte
angebrachte zylinderförmige Zusatzmasse von 20 mm Durchmesser
und einem zwischen 1,8 g und 19,5 g variablen Massenwert gestört,
wodurch sich in vielen Fällen eine Änderung der ursprünglichen
Schwingungsfigur ergab. Die Untersuchungen erfolgten für die
(1,1)-, (2,1)-, (2,2)-, (3,1)- und (3,2)-Schwingungsmoden der
Platte, bei Variation des Massenwertes der Zusatzmasse und deren
Position an charakteristischen Bereichen in einem Schwingungszentrum und auf einer Knotenlinie der jeweiligen Schwingungsfigur.

Zur Überprüfung der Möglichkeit einer quantitativen Interpretation der experimentellen Ergebnisse wurde ein Rechenprogramm
erstellt, das die Ermittlung und grafische Darstellung von
Modenmischungen des Typs $A_1 \cdot (m,n) \pm A_2 \cdot (m',n')$ gestattete, wobei
A_1 und A_2 die Mischungsanteile der (m,n)- und (m',n')-Schwin-
gungsmoden bedeuten. Da bei quadratischen Platten die Schwingungsmoden (m,n) und (n,m) für $n \neq m$ jeweils bei einer Frequenz
vorliegen und deren Mischung deshalb besonders häufig auftritt,
wurden hauptsächlich Überlagerungen dieses Typs in den vorliegenden Bericht aufgenommen.

Die Experimente führten zu dem Ergebnis, daß der Einfluß einer
durch eine Zusatzmasse bewirkten Inhomogenität in der Massenverteilung auf das Schwingungsverhalten der Platte von der
Position von m_z, vom Massenwert und von der vorgegebenen Schwingungsfigur, d.h. von der Erregerfrequenz abhängt.

Wird die Zusatzmasse m_z auf einer Knotenlinie der Schwingungsfigur positioniert, so führt dies im allgemeinen auch für
m_z = 19,5 g zu keiner Änderung dieser Schwingung. Die in einzelnen Fällen festgestellten leichten Verzerrungen dürften aus
der Möglichkeit resultieren, daß m_z in geringem Maße in ein

Schwingungszentrum hineinragte. In einzelnen Fällen dürften
aber auch andere Gründe für diese Änderungen maßgebend sein, da
beispielsweise bei der (2,2)-Schwingung eine Zusatzmasse
$m_z \geq 11,1$ g in der Mitte der Platte, d.h. in dem relativ aus-
gedehnten Überkreuzungsbereich zweier Knotenlinien, zu einer
Verbindung zweier diametral gegenüber liegender Schwingungszentren führte. Allgemein kann aber festgestellt werden, daß
eine Zusatzmasse von der genannten Größe auf einer Knotenlinie,
die ursprüngliche Schwingungsfigur nicht oder nur beträchtlich
weniger beeinflußt, als wenn sie sich im Bereich eines Schwingungszentrums befindet. In diesem Fall wird die Schwingung bei
höheren Frequenzen, d.h. bei komplizierteren Hauptschwingungszuständen stärker geändert als bei niedrigeren Frequenzen. So
bewirkt beispielsweise bei der (1,1)-Grundschwingung selbst die
größte verwendete Zusatzmasse von 19,5 g keine Änderung dieses
Schwingungszustands, während bei der (3,2)-Schwingung bereits
eine Zusatzmasse von nur 1,8 g zu einer deutlichen Beeinflussung
der resultierenden Schwingungsform führt. Obwohl diese Änderungen oft empfindlich von der genauen Position der Zusatzmasse
und von deren Massenwert abhängen, gilt im allgemeinen, daß sie
mit wachsender Masse von m_z zunehmen und häufig in einer Verkleinerung des betreffenden Schwingungszentrums und der dort
vorliegenden relativen Schwingungsamplitude bestehen. Außerdem
wurde bei den höheren Hauptschwingungszuständen beobachtet, daß
bereits Unterschiede in der Zusatzmasse von weniger als 1 g zu
deutlich verschiedenen Schwingungsformen führen.

Ein Vergleich der experimentell ermittelten Schwingungsformen,
die sich nach dem Anbringen einer Zusatzmasse einstellten, mit
den berechneten Modenmischungen ergab in einzelnen Fällen sowohl
bei den niedrigeren als auch bei den höheren Hauptschwingungszuständen eine weitgehende Übereinstimmung. In diesen Fällen war
nicht nur der Verlauf der gemessenen und der berechneten Knotenlinien sehr ähnlich, sondern auch die relativen Amplituden in
den einzelnen Schwingungszentren. Da berechnete Modenmischungen
im Gegensatz zu den durch eine Inhomogenität in der Massenverteilung verzerrten Schwingungsformen stets gewisse Symmetrie-
eigenschaften besitzen, kommt eine entsprechende Interpretation
der experimentellen Ergebnisse nur für besondere Positionen der
Zusatzmasse in Betracht. In diesen besonderen Fällen können auch
kleinere Unterschiede im Schwingungsverhalten quantitativ er-
klärt werden. Selbst wenn die quantitative Interpretation einer
Schwingungsform nicht möglich ist, müssen häufig in der Praxis
Einzelheiten im Schwingungsverhalten zweidimensionaler Objekte
genauestens erfaßt werden. Hierzu ist das Zeitmittelungsverfahren
der holografischen Interferometrie meist bestens geeignet.

9. Literatur

/1/   Collier, R.J, C.B. Burckhardt und L.H. Lin: Optical
      Holography, Academic Press, New York und London (1971)

/2/   Erf, R.K.: Holographic Nondestructive Testing, Academic
      Press, New York und London (1974)

/3/   Rosenberger, D.: Technische Anwendungen des Lasers,
      Springer Verlag, Berlin, Heidelberg, New York (1975)

/4/   Optische Holografie - Vorträge des Fachausschusses
      Sonderprüfverfahren der Deutschen Gesellschaft für
      zerstörungsfreie Prüfung e.V., Hannover (1976)

/5/   Molin, N.E. und K.A. Stetson: Measuring Combination
      Mode Vibration Patterns by Hologram Interferometry,
      J. Phys. E.: Sci. Instrum. $\underline{2}$, 609-612 (1969)

/6/   Stetson, K.A. und P.A. Taylor: The Use of Normal Mode
      Theory in Holographic Vibration Analysis with Application
      to an Asymmetrical Circular Disk, J. Phys. E.: Sci.
      Instrum. $\underline{4}$, 1009-1015 (1971)

/7/   Stetson, K.A.: Holographic Vibration Analysis,181-220
      in /2/

/8/   Neumann, W.: Zerstörungsfreie Werkstoffprüfung mittels
      holografischer Interferometrie, Forschungsbericht Nr. 2619
      des Landes Nordrhein-Westfalen, Westdeutscher Verlag
      Opladen (1977)

/9/   Brown, G.M, R.M. Grant und G.W. Stroke: Theory of Holo-
      graphic Interferometry, J. Acoust. Soc. Amer. $\underline{45}$,
      1166 - 1179 (1969)

/10/ Iguchi, S.: Die Biegungsschwingungen der vierseitig ein-
      gespannten rechteckigen Platte, Ing.-Arch. $\underline{8}$, 11-25 (1937)

/11/ Kalähne, A.: Handbuch der Physik, Bd. 8 - Akustik -,
      216-243, Springer Verlag, Berlin (1927)

/12/ Lord Rayleigh: The Theory of Sound, Vol. 1,
      Macmillan, London (1894)

/13/ Hurty, W.C. und M.F. Rubenstein: Dynamics of Structures,
      Englewood Cliffs, Prentice Hall, New York, Vol. 8, 278-312,
      (1964)

10. Bildanhang

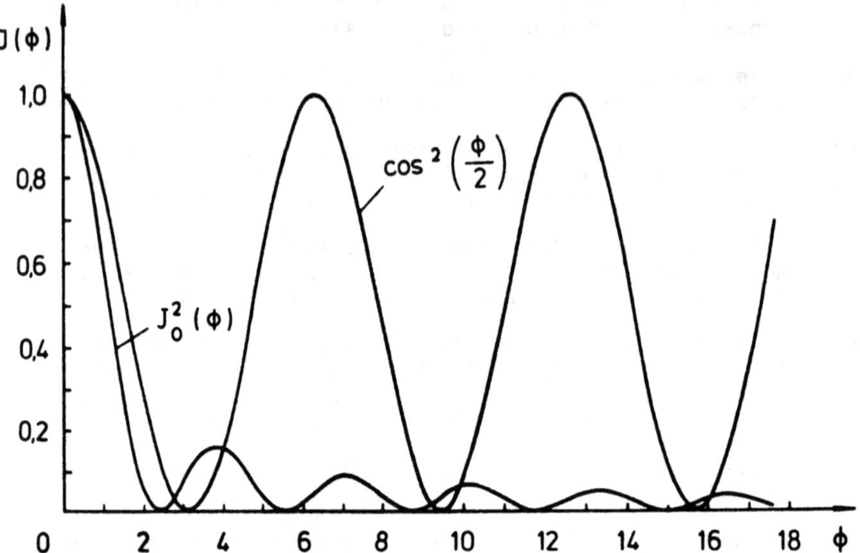

Abb. 1: Die Intensitätsverteilung bei einem Zeitmittelungs-Interferogramm - $J_o^2(\phi)$ - und bei einem Doppelbelichtungs-Interferogramm - $\cos^2(\phi/2)$ -.

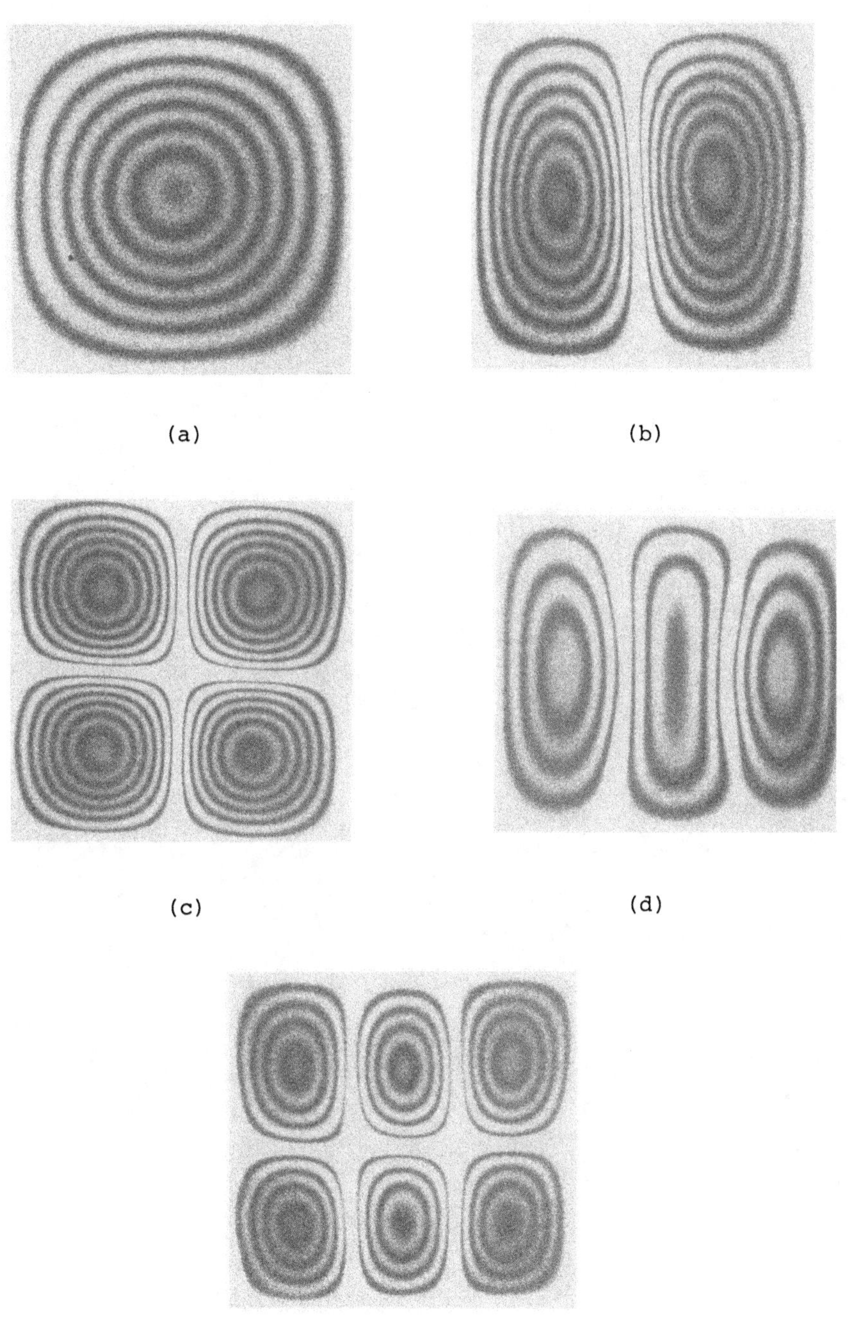

(a)

(b)

(c)

(d)

(e)

<u>Abb. 2a-2e</u>: Die (1,1)-, (2,1)-, (2,2)-,(3,1)- und (3,2)-Schwingungs-
moden einer quadratischen, allseitig eingespannten
Metallplatte.

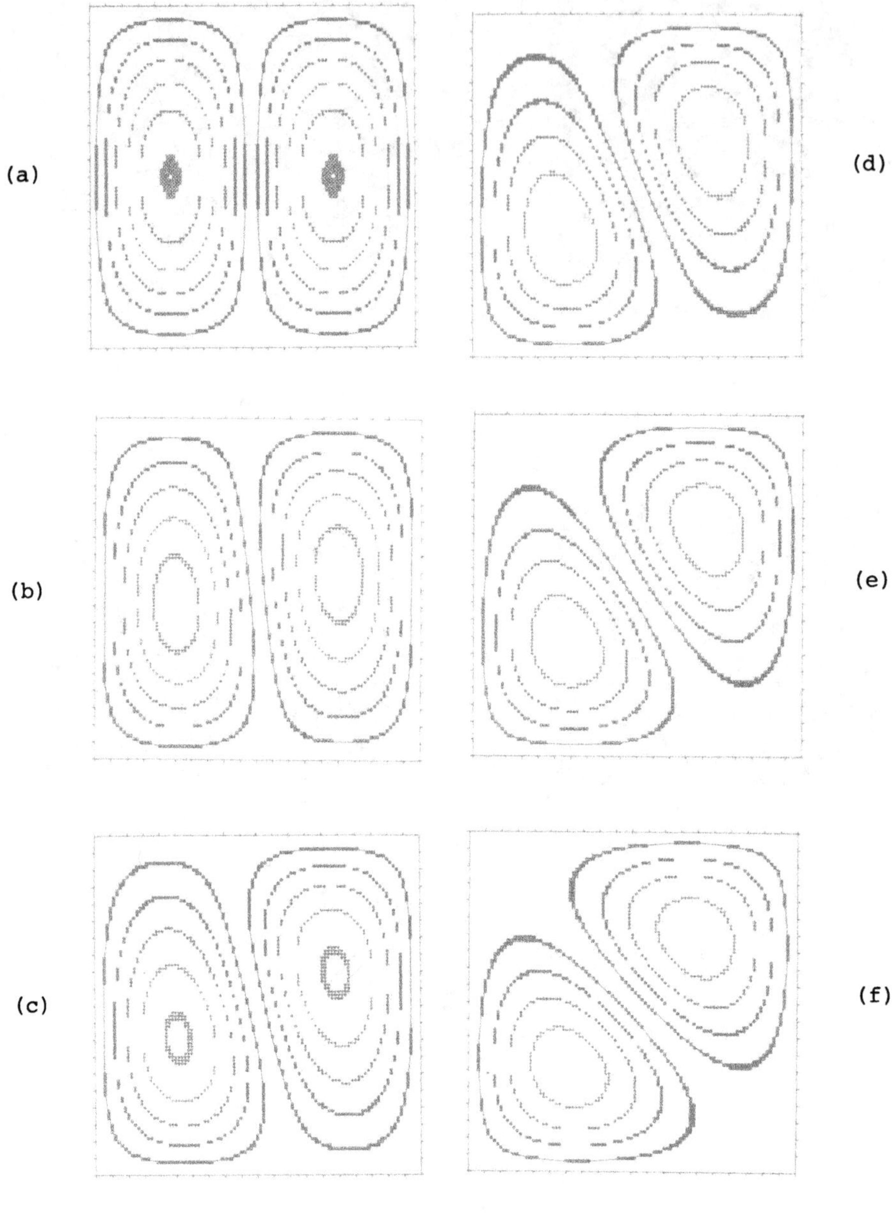

Abb. 3a-3f: Berechnete Modenmischung $A_1 \cdot (2,1) + A_2 \cdot (1,2)$

	(a)	(b)	(c)	(d)	(e)	(f)
A_1	1	0,9	0,8	0,7	0,6	0,5
A_2	0	0,1	0,2	0,3	0,4	0,5

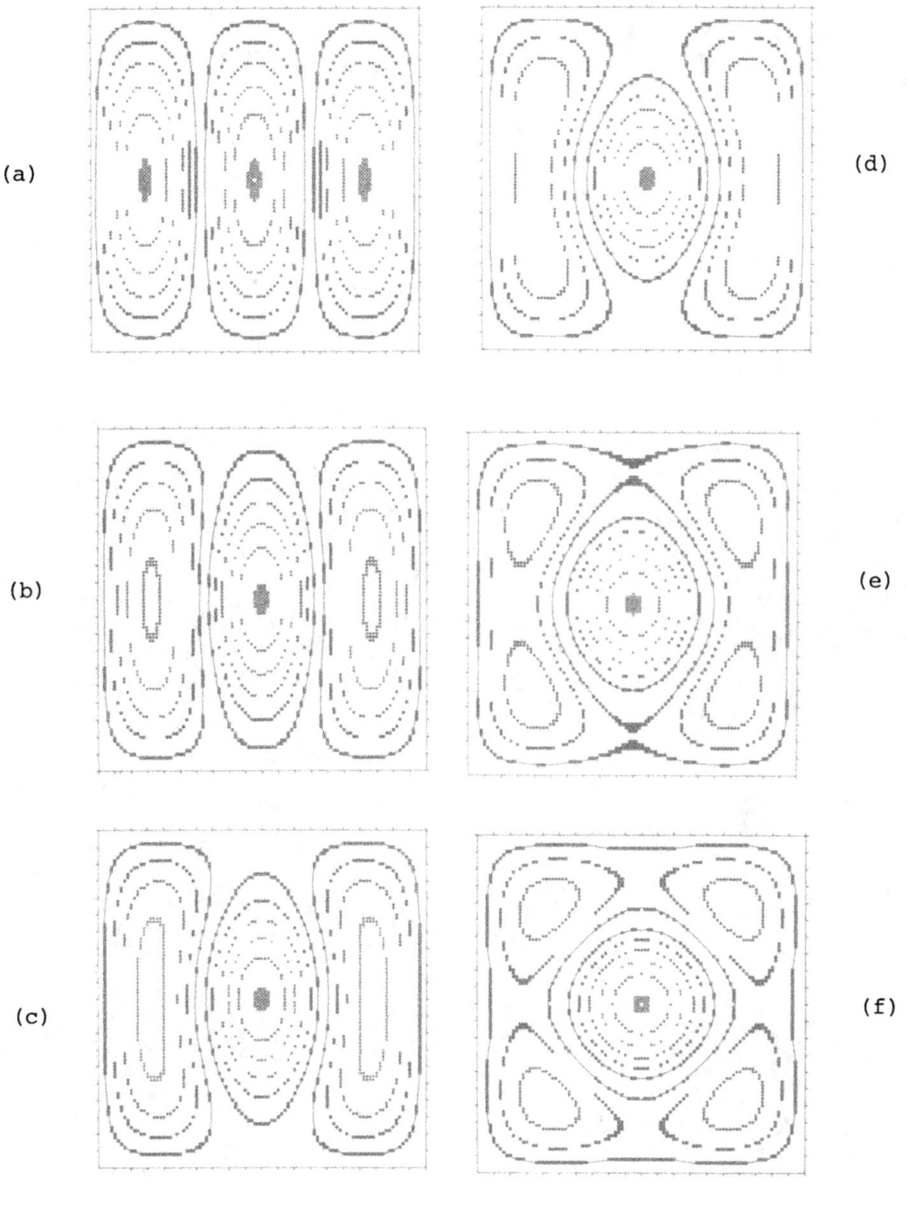

Abb. 4a-4f: Berechnete Modenmischung $A_1 \cdot (3,1) + A_2 \cdot (1,3)$

	(a)	(b)	(c)	(d)	(e)	(f)
A_1	1	0,9	0,8	0,7	0,6	0,5
A_2	0	0,1	0,2	0,3	0,4	0,5

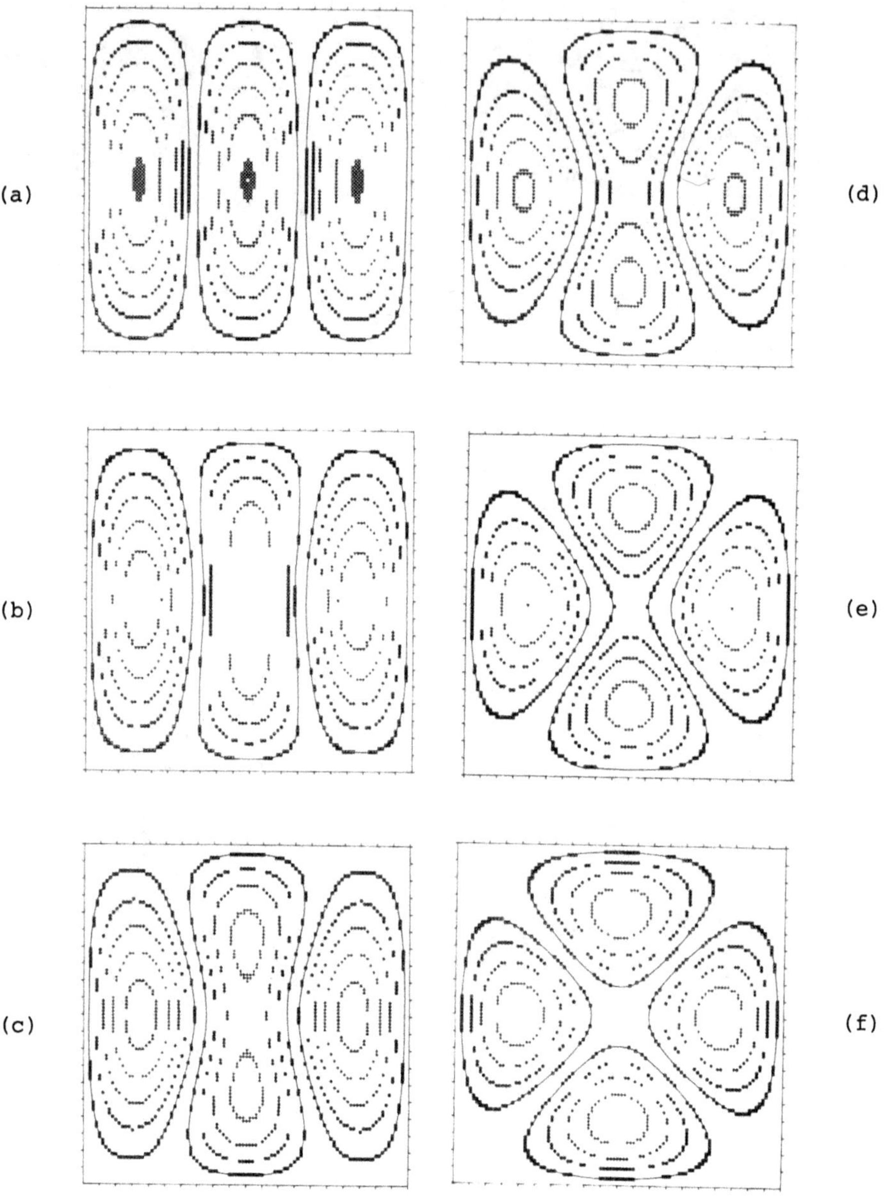

Abb. 5a-5f: Berechnete Modenmischung $A_1 \cdot (3,1) - A_2 \cdot (1,3)$

	(a)	(b)	(c)	(d)	(e)	(f)
A_1	1	0,9	0,8	0,7	0,6	0,5
A_2	0	0,1	0,2	0,3	0,4	0,5

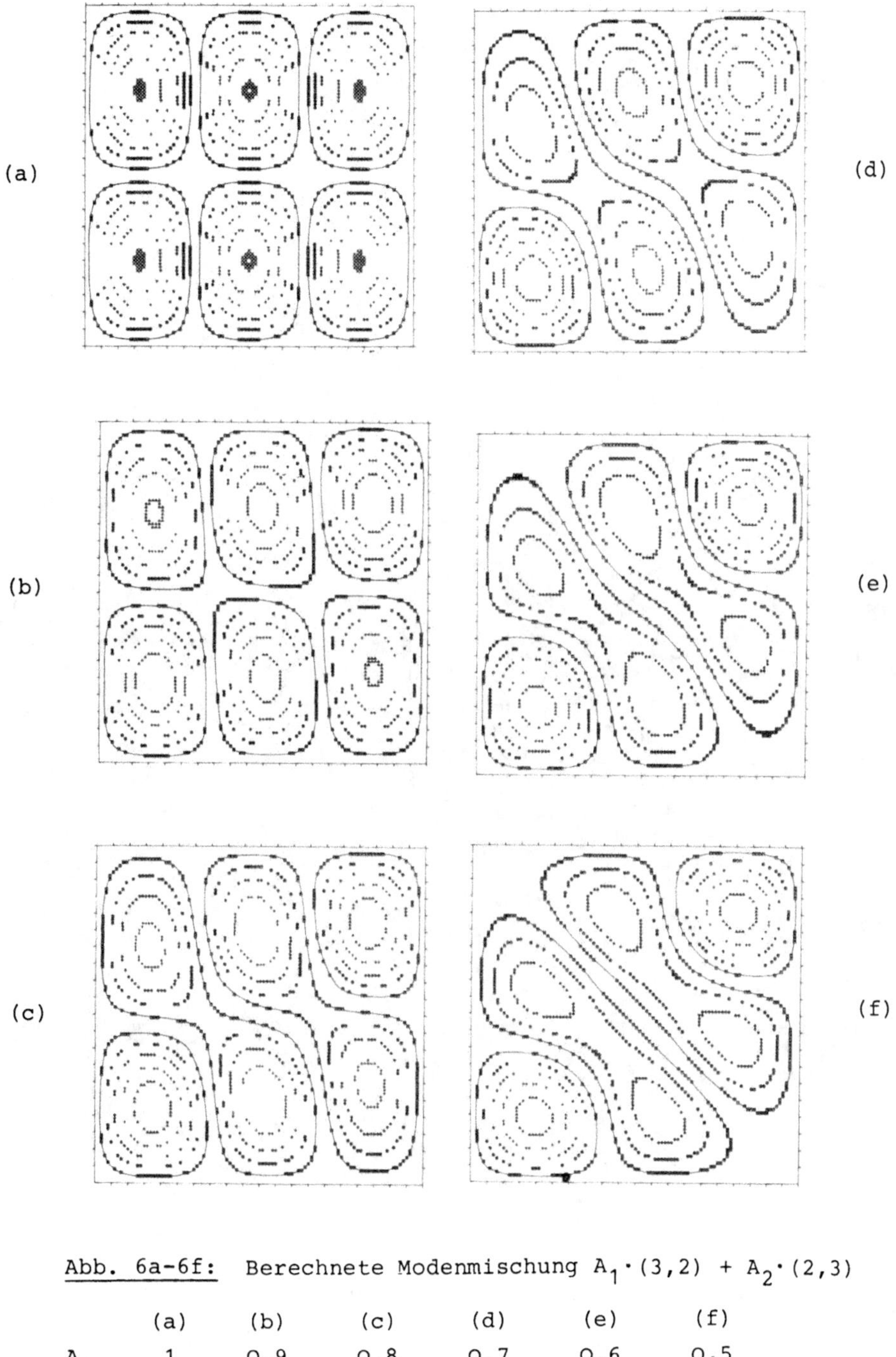

<u>Abb. 6a-6f:</u> Berechnete Modenmischung $A_1 \cdot (3,2) + A_2 \cdot (2,3)$

	(a)	(b)	(c)	(d)	(e)	(f)
A_1	1	0,9	0,8	0,7	0,6	0,5
A_2	0	0,1	0,2	0,3	0,4	0,5

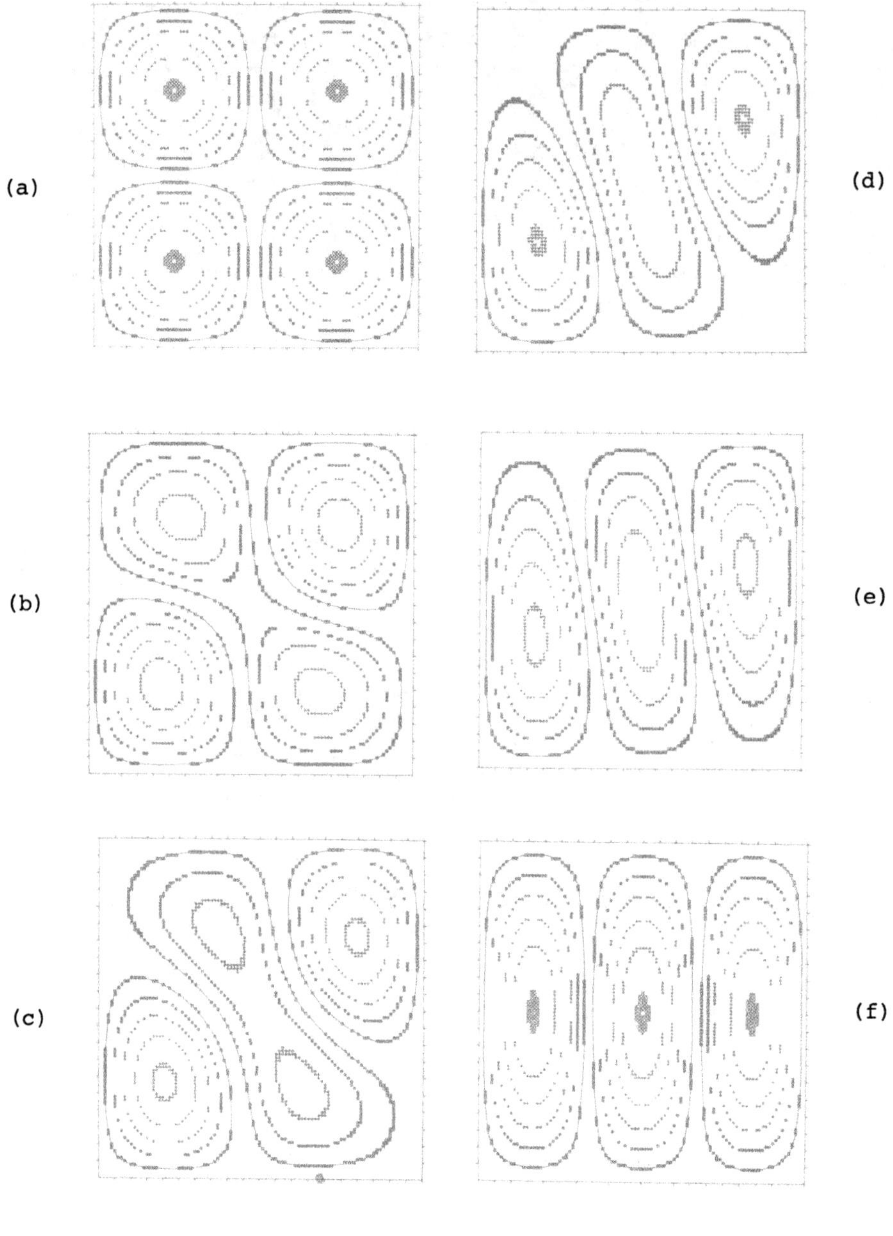

Abb. 7a-7f: Berechnete Modenmischung $A_1 \cdot (2,2) + A_2 \cdot (3,1)$

	(a)	(b)	(c)	(d)	(e)	(f)
A_1	1	0,8	0,6	0,4	0,2	0
A_2	0	0,2	0,4	0,6	0,8	1

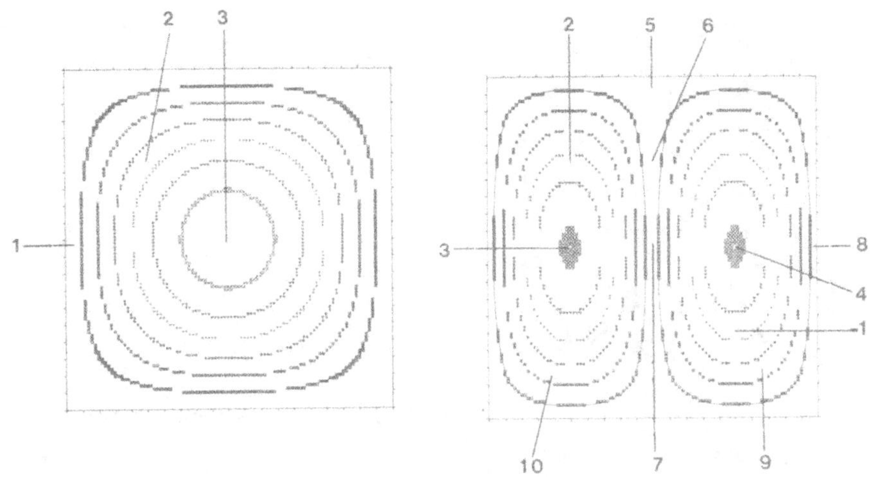

Abb. 8 u. 9: Positionen der Zusatzmasse m_z bei der
(1,1)-Schwingung und der (2,1)-Schwingung der quadratischen
Platte.

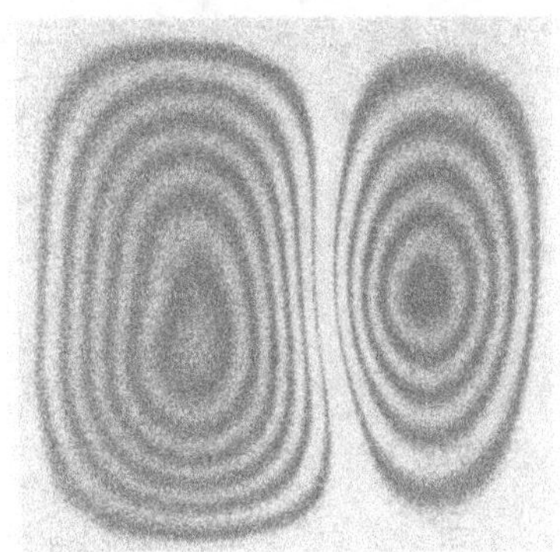

Abb. 10: Veränderung der (2,1)-Schwingung durch eine
Zusatzmasse m_z = 19,5 g in Pos. 4 von Abb. 9.

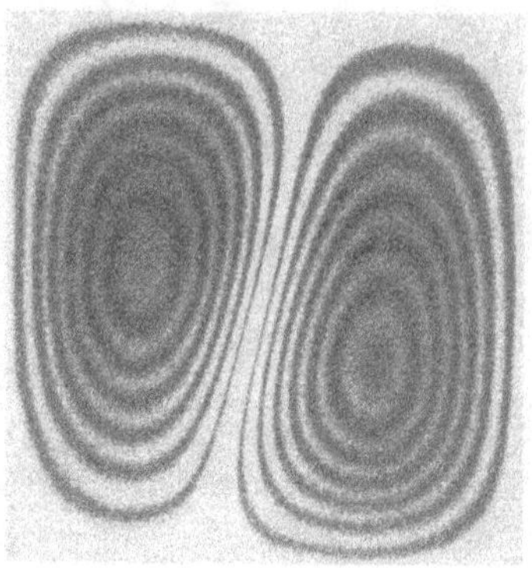

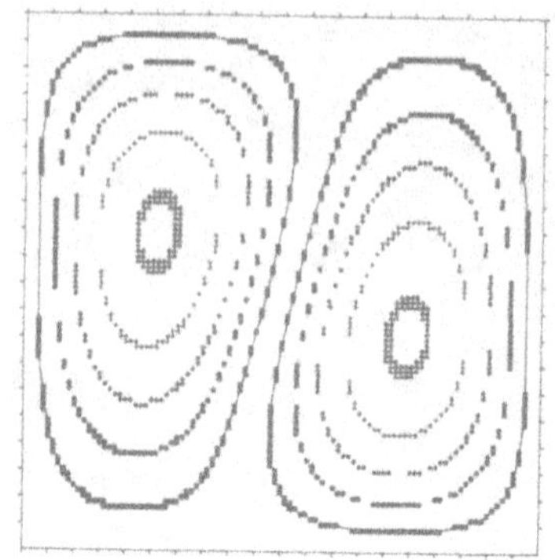

Abb. 11: Veränderung der (2,1)-Schwingung durch eine Zusatzmasse $m_z = 4,4$ g in Pos. 1 von Abb. 9.

Abb. 12: Berechnete Modenmischung $0,8 \cdot (2,1) - 0,2 \cdot (1,2)$.

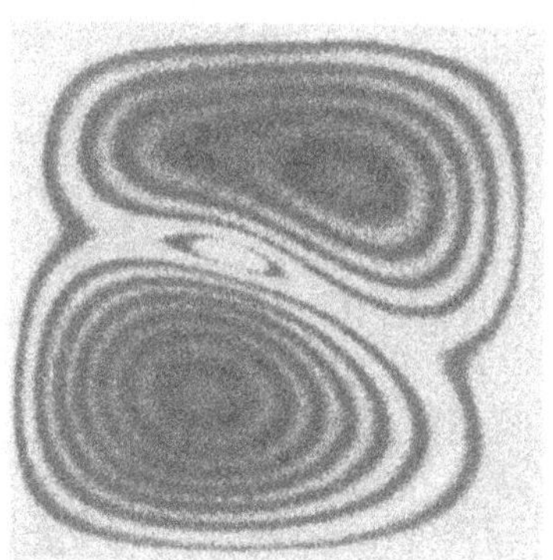

Abb. 13: Veränderung der (2,1)-Schwingung durch eine Zusatzmasse $m_z = 19,5$ g in Pos. 2 von Abb. 9.

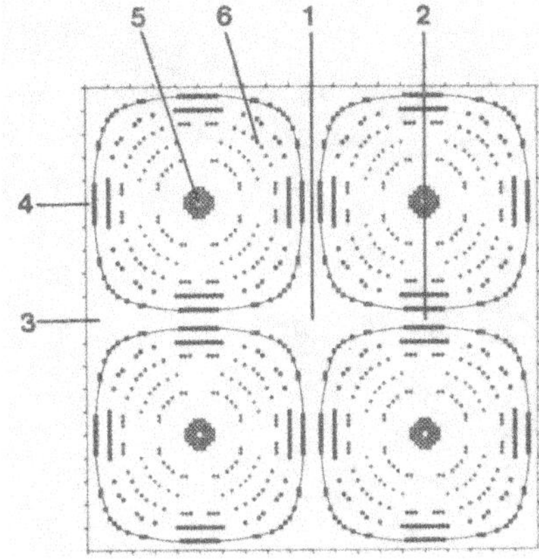

Abb. 14: Positionen der Zusatzmasse m_z bei der (2,2)-Schwingung.

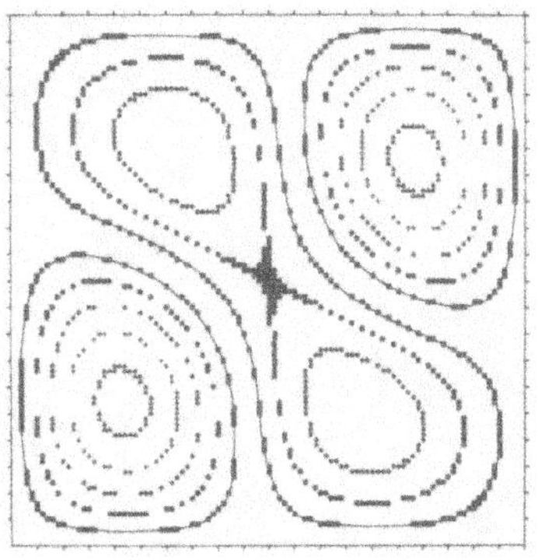

Abb. 16: Berechnete Modenmischung $0,7 \cdot (2,2) + 0,3 \cdot (3,1)$.

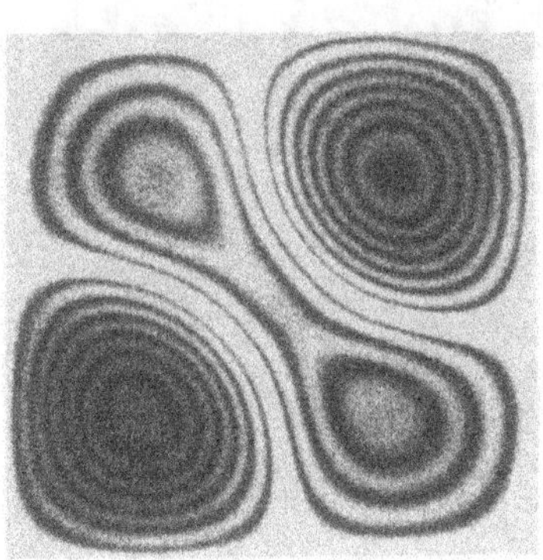

Abb. 15: Veränderung der (2,2)-Schwingung durch eine Zusatzmasse $m_z = 19,5$ g in Pos. 1 von Abb. 14.

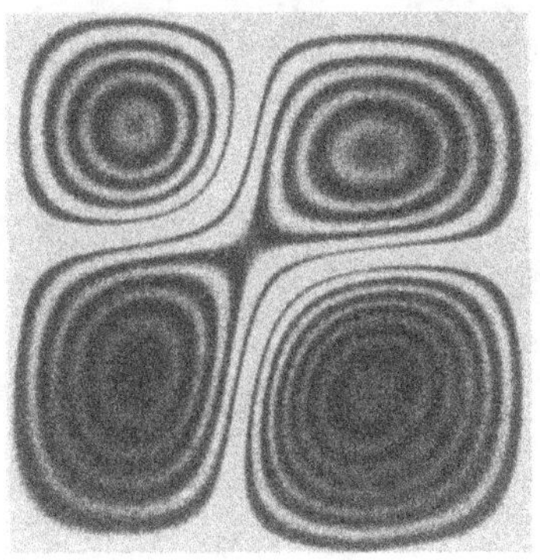

Abb. 17: Veränderung der (2,2)-Schwingung durch eine Zusatzmasse $m_z = 11,1$ g in Pos. 5 von Abb. 14.

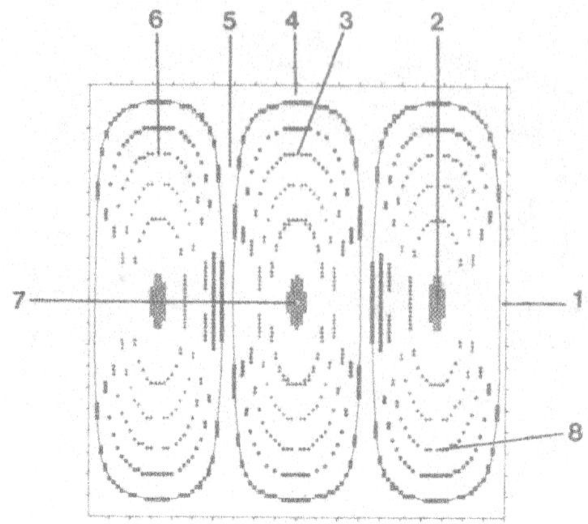

Abb. 18: Positionen der Zusatzmasse m_z bei der (3,1)-Schwingung.

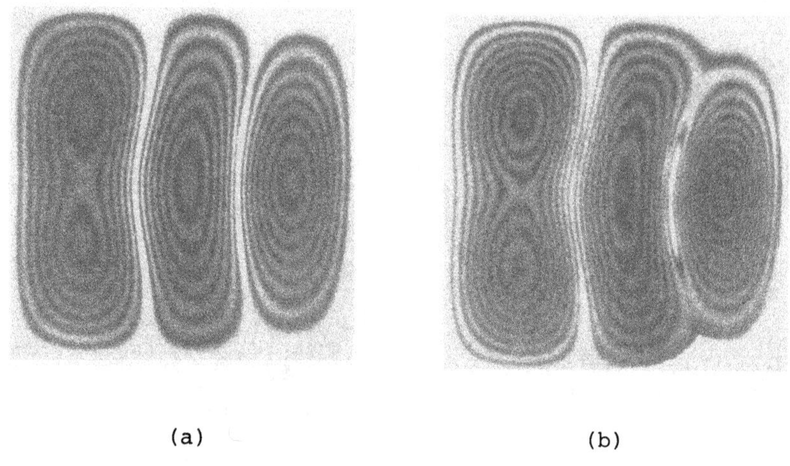

(a)   (b)

Abb. 19a u. 19b: Veränderung der (3,1)-Schwingung durch verschiedene Zusatzmassen m_z in Pos. 2 von Abb. 18.
m_z = 1,8 g bei Abb. 19a bzw. 2,5 g bei Abb. 19b.

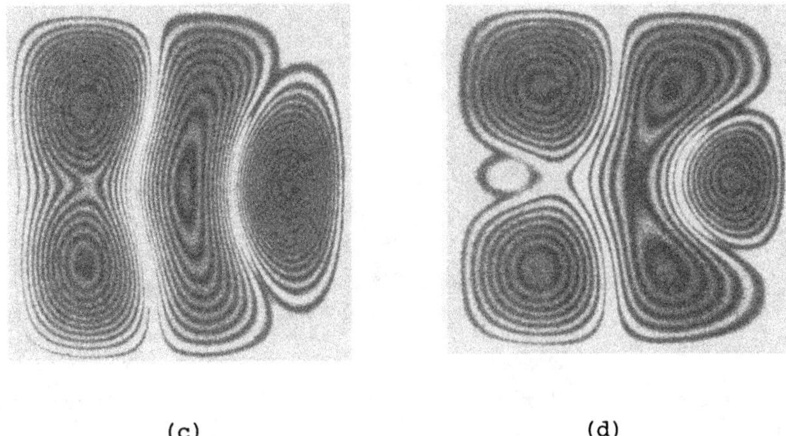

(c)   (d)

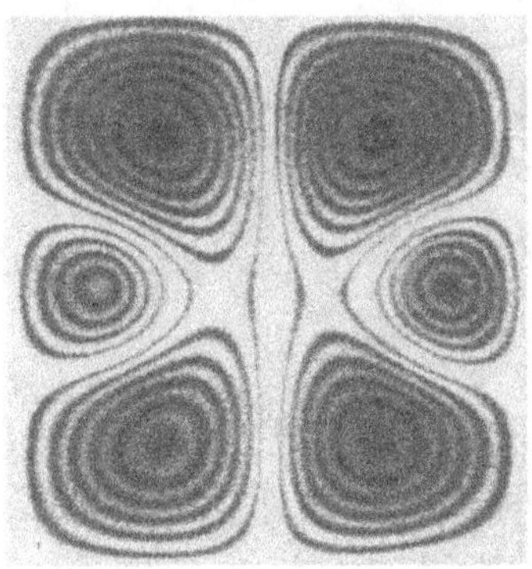

(e)

<u>Abb. 19c-19e:</u> Veränderung der (3,1)-Schwingung durch verschiedene Zusatzmassen m_z in Pos. 2 von Abb. 18.

	(c)	(d)	(e)
m_z	4,4 g	11,1 g	19,5 g

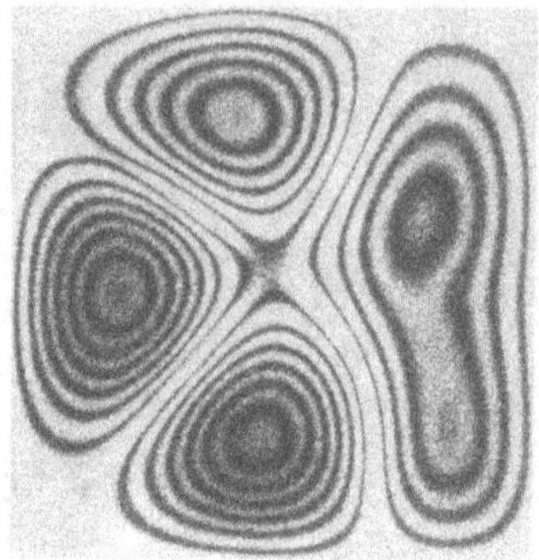

Abb. 20: Veränderung der (3,1)-Schwingung durch eine Zusatzmasse m_z = 11,1 g in Pos. 8 von Abb. 18.

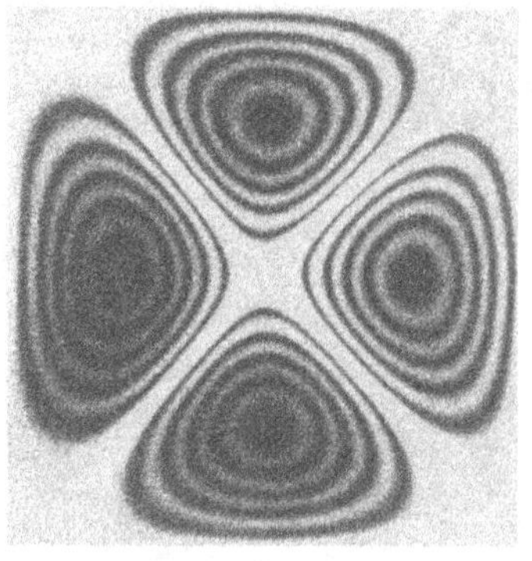

Abb. 21: Veränderung der (3,1)-Schwingung durch eine Zusatzmasse m_z = 19,5 g in Pos. 7 von Abb. 18.

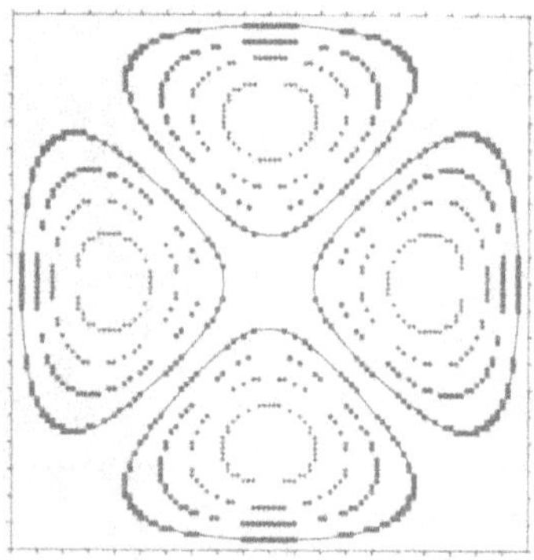

Abb. 22: Berechnete Moden-mischung 0,5·(3,1) - 0,5·(1,3).

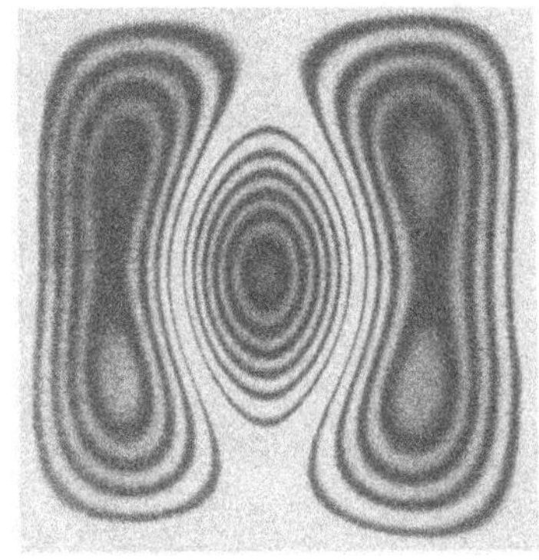

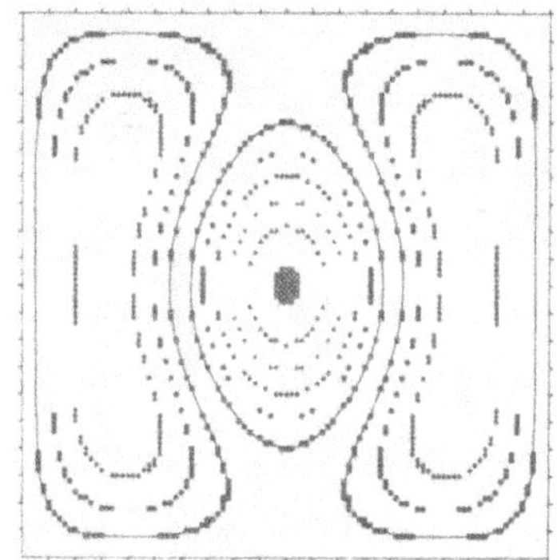

Abb. 23: Veränderung der (3,1)-Schwingung durch eine Zusatzmasse m_z = 19,5 g in Pos. 3 von Abb. 18.

Abb. 24: Berechnete Modenmischung $0,7 \cdot (3,1) + 0,3 \cdot (1,3)$.

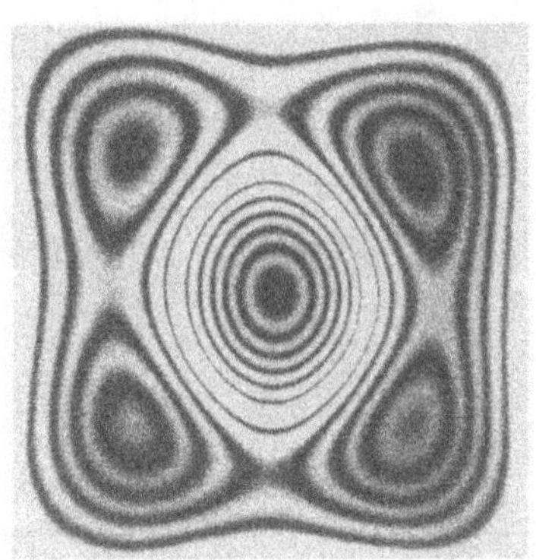

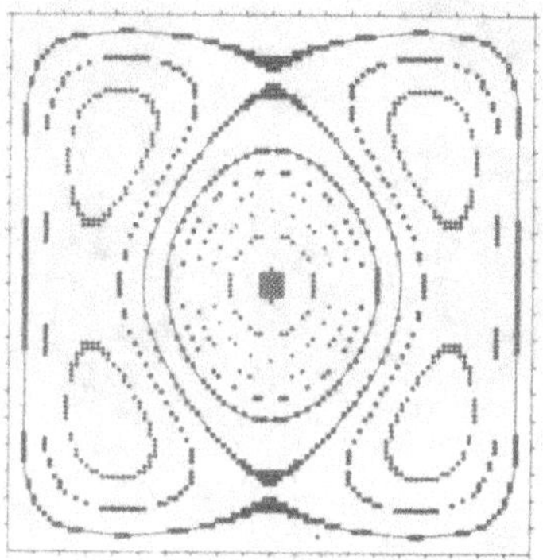

Abb. 25: Weiteres Beispiel für eine experimentell ermittelte Modenmischung der (3,1)- und (1,3)-Schwingungen.

Abb. 26: Berechnete Modenmischung $0,6 \cdot (3,1) + 0,4 \cdot (1,3)$.

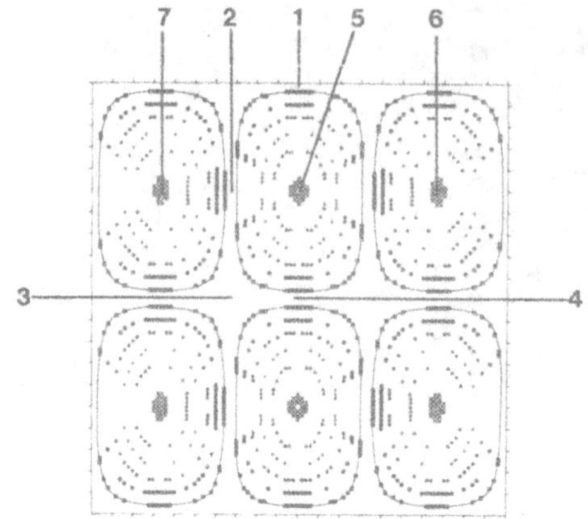

Abb. 27: Positionen der Zusatzmasse m_z bei der (3,2)-Schwingung.

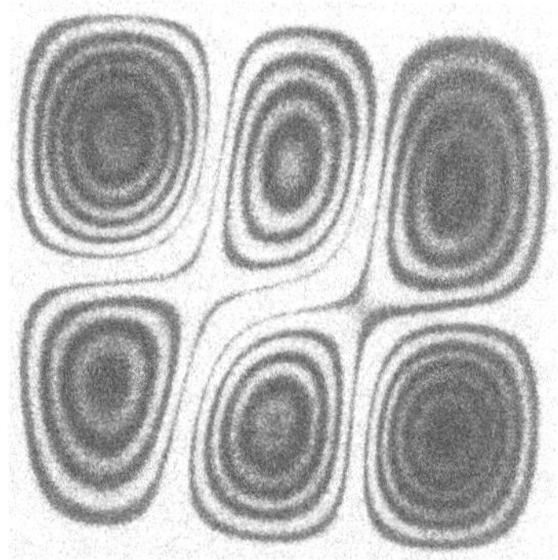

Abb. 28: Veränderung der
(3,2)-Schwingung durch eine
Zusatzmasse m_z = 1,8 g in
Pos. 7 von Abb. 27.

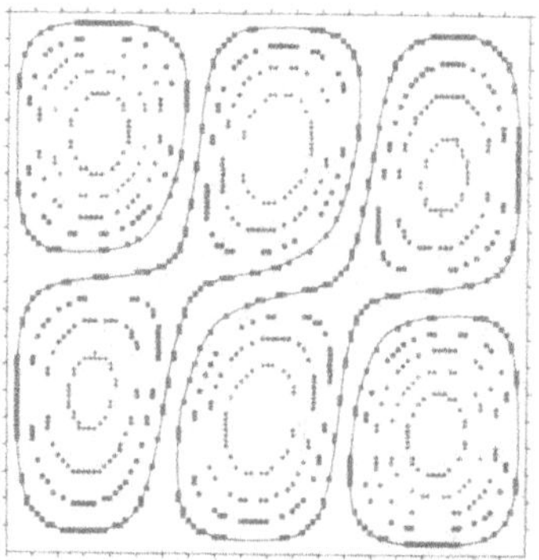

Abb. 29: Berechnete Modenmischung 0,8·(3,2) - 0,2·(2,3).

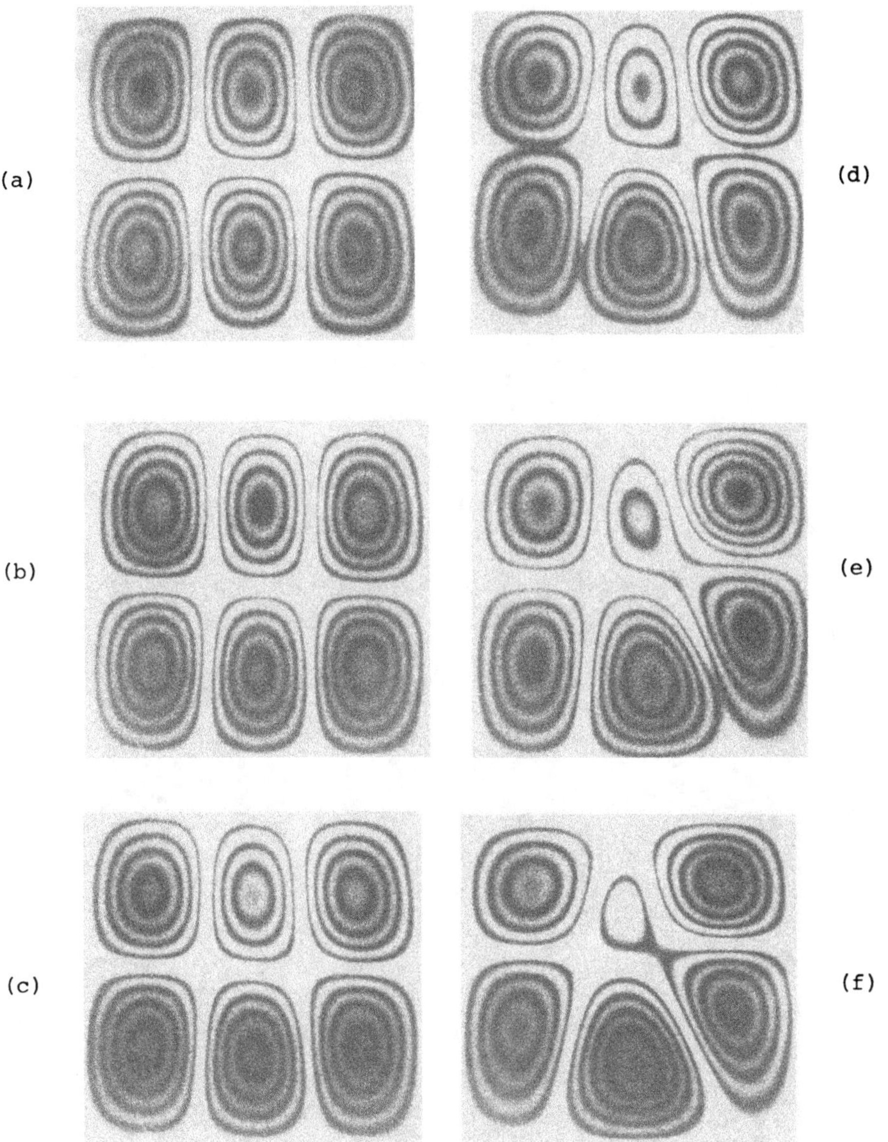

<u>Abb. 30a-30f:</u> Veränderung der (3,2)-Schwingung durch verschiedene Zusatzmassen m_z in Pos. 5 von Abb. 27.

	(a)	(b)	(c)	(d)	(e)	(f)
m_z	0 g	1,8 g	2,5 g	4,4 g	11,1 g	19,5 g

FORSCHUNGSBERICHTE
des Landes Nordrhein-Westfalen

Herausgegeben
vom Minister für Wissenschaft und Forschung

Die ,,Forschungsberichte des Landes Nordrhein-Westfalen" sind in
zwölf Fachgruppen gegliedert:

Geisteswissenschaften

Wirtschafts- und Sozialwissenschaften

Mathematik / Informatik

Physik / Chemie / Biologie

Medizin

Umwelt / Verkehr

Bau / Steine / Erden

Bergbau / Energie

Elektrotechnik / Optik

Maschinenbau / Verfahrenstechnik

Hüttenwesen / Werkstoffkunde

Textilforschung

WESTDEUTSCHER VERLAG
5090 Leverkusen 3 · Postfach 30 06 20

GPSR Compliance
The European Union's (EU) General Product Safety Regulation (GPSR) is a set
of rules that requires consumer products to be safe and our obligations to
ensure this.

If you have any concerns about our products, you can contact us on

ProductSafety@springernature.com

In case Publisher is established outside the EU, the EU authorized
representative is:

Springer Nature Customer Service Center GmbH
Europaplatz 3
69115 Heidelberg, Germany